이 책은 곧 시행될 고향사랑기부제의 길잡이 역할을 하기 위해 쓴 책이다. 고향사랑기부제는 고향 등 지방자치단체에 10만원을 기부하면 기부금 전액을 돌려받고 3만원 상당의 답례품 선물도 받는 가히 혁신적인 제도이다. 한마디로 'HDP 레볼루션'이라고 할 수 있다.

고향사랑기부제는 기부자, 지방자치단체, 지방자치단체 주민, 답례품 생산자, 웹사이트 운영자, 정부의 상호 작용 프로그램이다. [기부자]는 노력하는 지방자치단체에 기부하고, [지방자치단체]는 기부금 모집 전략을 세운다. [지방자치단체 주민]의 이해와 호응은 이 제도의 근간이며, [답례품 생산자]의 상품 개발과 품질 보장은 절대적이다. 모든 요소들은 [웹사이트 운영자]에 의해 날개를 달며, [정부]는 제도 성공을 위한 설계를 담당한다.

# 고향사랑 기부제 교과서

# 고향사랑기부제 교과서

| | |
|---|---|
| **초판1쇄 발행** | 2022년 03월 31일 |
| **초판2쇄 발행** | 2022년 12월 29일 |

| | |
|---|---|
| **지은이** | 신승근 · 조경희 |
| **펴낸이** | 이성희 |
| **편집인** | 하승봉 |
| **기획 · 제작** | 농민신문사 |
| **디자인** | 그래픽스튜디오 여름 |
| **인쇄** | 삼보아트 |

| | |
|---|---|
| **펴낸곳** | 농민신문사 |
| **출판등록** | 제25100-2017-000077호 |
| **주소** | 서울시 서대문구 독립문로 59 |
| **홈페이지** | http://www.nongmin.com |
| **전화** | 02-3703-6136 |
| **팩스** | 02-3703-6213 |

ⓒ농민신문사 2022
ISBN 978-89-7947-185-4 (04520)
세트 978-89-7947-186-1 (04520)

고향사랑총서 1

신승근 · 조경희 지음

# 고향사랑 기부제 교과서

農민신문사

# 고향사랑 기부금법 어떻게 활용할까?

신승근

## 243개 지방자치단체가 1조 경쟁을 시작한다

이 책은 2023년부터 시행되는 고향사랑기부제를 준비하는 지방자치단체 관계자와 답례품 생산자가 본 제도의 기본원리를 제대로 이해하고 효율적으로 준비하는 데 도움을 주기 위한 교과서이다. 물론 지역발전의 수혜자이면서 본 제도를 발전시킬 지역주민과 기부제에 관심을 갖고 있는 납세자 그리고 본 제도를 이해하고자 하는 독자에게도 충실히 답변하는 길잡이가 되고자 노력하였다.

2021년 9월 28일 「고향사랑 기부금에 관한 법률(고향사랑 기부금법)」이 만들어졌다. 이 법은 기부문화를 조성하고 지역경제를 활성화함으로써 국가균형발전에 이바지함을 목적으로 하고 있다. 고향사랑 기부금법은 올해 1년 동안의 준비기간을 거쳐 2023년부터 본격적으로 시행된다. 시행 첫해에 기부액이 1조원을 넘어선다면 답례품 시장 규모는 3,000억원에 이를 전망이다.

고향사랑기부제는 기부자가 자신의 주소지 이외의 다른 지방자치단체에 기부를 하면 10만원까지는 전액(10만원, 100%) 세액공제를 받고 추가적으로 3만원(30%) 상당의 지역특산품 등 답례품을 받는 제도이다. 기부금이 10만원을 초과하면 한도액인 500만원까지는 일반 기부금의 세액공제를 받는다. 만일 100만원을 기부하면 24만 8,500원(10만원+90만원의 16.5%)의 공제와 30만원(30%) 상당의 답례품이 제공된다.

## 지방재정의 자율성과 책임성을 강화할 것으로 기대한다

본 법률이 국회에서 전격적으로 타결되는 과정에서 농민단체와 지방자치단체의 노력이 결정적인 역할을 했다. 고향사랑기부제는 일본의 고향납세제도를 우리나라 실정에 맞게 설계한 제도이다. 우리나라 고향사랑기부제는 정치자금기부제와 지역사랑상품권제도가 합쳐진 독특한 제도이다. 정치자금기부제는 10만원을 기부하면 소득세 신고 시 10만원을 그대로 돌려받는다. 고향사랑기부제는 본인이 거주하고 있지 않은 다른 지방자치단체에 10만원을 기부하면 10만원을 그대로 돌려받는 구조이다. 그리고 추가적으로 기부받은 지방자치단체가 3만원 이하의 답례품을 보내기 때문에 기부자 입장에서는 최대 13만원을 돌려받는 효과가 있다. 이러한 효과는 10만원 상당의 지역사랑상품권을 9만원에 구입하는 방식과 유사하다.

고향사랑기부제는 지방자치단체가 경쟁적으로 기부금을 유치하여 지역 맞춤형 사업을 실시할 수 있다는 점에서 지방재정의 자율성과 책임성을 강화할 것으로 기대된다. 또한 중앙정부가 재원 부족으로 챙기지 못한 사업을 지방자치단체가 스스로 발굴하여 실시하는 효과도 있다.

기부자에 대한 답례품 과당경쟁을 방지하기 위한 규정도 두고 있다. 자율적인 기부문화를 장려하기 위해 법인의 기부를 금지하고 모금방법에 있어서도 전화, 서신, 호별 방문이 불가능하다. 또한 기부금 강요행위에 대해서는 3년 이하의 징역 또는 3,000만원 이하의 벌금을 부과하도록 하고, 지방자치단체가 위법하게 모집할 경우 1년간 기부금 접수를 제한하는 처벌조항까지 두고 있다.

2023년 이 법률이 본격적으로 시행되기까지는 약 9개월이 남았다. 고향사랑기부제가 지역균형발전을 위해 효과적인 역할을 할 수 있도록 체계적인 준비가 필요하다.

## 이 책의 주요 내용은 다음과 같다

먼저, 고향사랑기부제의 정착을 위해서는 지방자치단체가 무엇을 어떻게 준비해야 하는지와 그 준비작업을 위해서 지방자치단체가 어떻게 변화해야 하는지를 설명한다.

지방자치단체가 무엇을 어떻게 준비해야 하는지에 대해서 이 책은 '조사하기', '사업화하기' 그리고 '시스템 구축 과정'을 추천한다. 첫 번째 '조사하기'에 대해서는 「Ⅱ. 고향사랑기부제의 도입」과 「Ⅳ. 일본의 고향납세제도」를 참고할 수 있다. 두 번째 '사업화하기'는 「Ⅵ. 유형별 고향납세제도 전략」과 「Ⅶ. 남소국정과 도성시 사례의 심층적 분석」에서 적고 있다. 세 번째 '시스템 구축 과정'은 조사하기와 사업화하기를 결합한 것으로, 지속가능한 시스템을 구축하는 과정이다.

지방자치단체가 어떻게 변화해야 하는지에 대해서 이 책은 「Ⅲ. 고향사랑기부제의 작동원리: 6인의 등장인물」을 통해서 밝히고 있다. 고향사랑기부제는 기부자, 지방자치단체, 지자체 주민, 답례품 생산자, 웹사이트 운영자 그리고 정부라는 6인의 인물을 등장시키고 있다. 고향사랑기부제는 6인의 등장인물이 상호작용하면서 발전하는 제도이므로 변화에 대한 수용과 대응이 필요하다.

고향사랑기부제는 완성형이 아닌 진행형이다. 「Ⅷ. 고향사랑기부제는 진화한다」에서는 '1. 기부문화 활성화를 위한 계기가 되길 바란다', '2. 답례품 중 수도권 지역사랑상품권은 제한할 필요가 있다', '3. 기업형 고향사랑기부제를 도입할 수 있을까'를 제시하고 있다. 고향사랑기부제가 그 영역을 확장할수록 다른 제도와의 연대가 필요하기 때문이다.

# 이 제도에서 기부는 일반적인 의미의 기부가 아니라 고향을 응원하는 마음일 거야

조 경 희

본 원고를 작성하면서 가까운 지인들과 이야기를 나눌 기회가 있었다. 이 과정에서 충분한 공감을 전달받았고, 참고할 만한 정보도 얻었다. 그러던 어느 날, 한 친구가 고향사랑기부제란 용어와 기부의 개념에 대해 잘 모르는 것이 있다며 질문을 했다.

"고향사랑기부제에서 고향은 자기가 태어난 곳이야? 잘 이해가 안 돼. 고향이면 태어난 곳이야? 아니면 나처럼 태어난 곳과 자란 곳이 다른 사람은 자란 곳이 고향이야?"

"기부제라고 하는데 나는 기부에 대해서 이제까지 적극적인 마음이 없었어. 그래서 이 제도가 기부제라고 하니, 왠지 부자들만 해야 될 듯하고 나처럼 애들 키우기 바쁜 사람은 마음이 동하지 않아."

## '고향'이라는 말의 의미

나도 모르게 실소를 금치 못했다. "아뿔싸!" 그리고 그 친구에게 고마움까지 느낄 수 있었다. 왜냐하면, 이 책의 내용에 대해서 이제까지 몇 번이고 이야기를 나눈 그 친구조차도 이 책의 기본적인 내용인 '고향'이라는 말의 의미를 이해하지 못했고, 기부의 진정한 뜻을 파악하기 어려웠던 것이다. 고향사랑기부제는 꼭 성공할 것이라고 확신했던 나의 믿음은 한순간에 무너질 수밖에 없었고, 어쩌면 많은 독자들도 이 제도를 생소하게 느낄지 모른다는 생각이 머리를 스쳤다. 전율이 흘렀다.

'아! 이러면 안 된다. 이 책을 쓰게 된 계기는 고향사랑기부제라는 좋은 제도를 보다 많은 사람이 쉽게 이해하도록 하여 지방이 골고루 발전할 수 있도록 하기 위해서인데… 쉽지 않다! 쉽지 않다! 쉽게, 알기 쉽게, 책을 다시 써야겠다'는 목표를 마음에 새겼다.

이왕 친구가 질문을 해주었기에 나는 진심을 다해서 다음과 같이 설명했다.

"여기서 고향이라는 말은 고향을 의미하지 않아. 그런데도 고향이라는 말을 쓰는 이유는 이 용어가 가장 적절한 단어이기 때문이야."

## 제도 이해 위해서는 먼저 이웃 일본을 알아야

"고향사랑기부제는 2023년부터 시작할 예정이야. 그리고 우리의 고향사랑기부제를 이해하기 위해서는 먼저 이웃 나라 일본의 제도를 알 필요가 있어. 일본에서는 고향납세제도를 2008년부터 시작했어. 일본은 중앙정부가 지방자치단체에 재정지원을 줄이는 대신 중앙정부의 수입을 지방자치단체가 자체적으로 거둘 수 있도록 했는데, 그 결과 수도권은 재정이 풍부해지고, 비수도권은 재정상황이 악화되어 수도권은 더욱 부자가 되고 비수도권은 소멸 위기까지 놓이게 된 거야. 이에 일본의 지방도시는 반기를 들었고, 이 문제를 해결할 수 있는 방안으로 고향납세제도를 만들어낸 거지. 고향납세제도는 국민 개개인이 낸 주민세의 10%(나중에는 20%)를 수도권에서 비수도권으로 보내자는 제도야. 수도권 지역에서는 많은 불만을 가졌지만 비수도권 지역이 살아야 수도권도 유지되잖아. 그래서 받아들였지. 이 때문에 고향납세제도의 도입 의미를 잘 살리기 위해서는 고향이라는 용어가 가장 적절한 거지."

"그런데 일본은 주민세를 자기가 기부하고 싶은 지방자치단체에 기부하는 대신 자기가 살고 있는 지방자치단체에는 주민세를 납부하지 않아. 주민세를 기부하는 제도야. 예를 들어 오사카시에 살고 있는 주민이 구마모토시에 주민세를 기부하는 대신 오사카시에는 주민세를 납부하지 않는 거지. 그런데 우리나라는 일본과 달리 주민세의 규모가 작아서 주민세를 기부하는 방식은 적합하지 않은 문제가 있어. 그래서 우리나라는 고향사랑기부제를 만들었어. 정치기부금제도의 형식을 빌린 거지. 살고 있는 주소지를 기준으로 10만원을 고향(다른 지방자치단체)에 기부하면 100% 세금감면을 해줘. 그리고 그 금액(기부금)을 받은 지방자치단체는 3만원의 답례 선물을 보내주는 구조이지. 100% 기부하면 130% 돌려받는다는 말이 여기에서 나와."

## 고향을 응원하는 마음

"한편, 우리는 보통 일본의 고향납세제도를 성공사례라고 하잖아. 그런데 일본에서도 아직까지 많은 사람들이 고향납세제도를 이용하고 있지 않아. 개인적으로 아는 일본인에게 왜 하지 않는지 물어봤어. 그랬더니 일본인이 원래 기부행위에 대해 적극적이지 않다고 답해주더군. 그래서 이 제도에서 기부는 일반적인 의미의 기부가 아니라 아마도 기부하는 마음, 고향을 응원하는 마음일 거야."

책을 쓰다 보면 연구를 많이 하게 된다. 그런데 조심해야 할 점은 연구를 거듭하다 보면 처음에는 저자 자신도 어려웠던 부분이 반복학습으로 쉬워져서 독자들이 느낄 수 있는 곤란함을 읽어낼 수 없게 되어버린다는 사실이다.

나에게 문의를 해준 친구 덕분에 이 사실을 다시 한번 인식할 수 있었기에 감사한 마음마저 느꼈다.

이러한 이해를 바탕으로, 독자들이 헷갈려 할 부분을 최대한 해소하면서 제도의 본질을 알기 쉽게 설명하기 위해 최선을 다했다. 이 책이 이제 첫걸음마를 떼는 고향사랑기부제가 성공적으로 자리 잡는 데 기여하기를 빈다.

발 간 사

•
•
•

농민신문사에서 발행하는《고향사랑총서》를 통해
고향사랑기부제 관계인구 창출, 경쟁력 있는 답례품 발굴 등
다양한 실행 방안이 마련되기를 기원합니다

 

지난 10여 년간의 긴 노력 끝에 2023년 1월 1일 고향사랑기부제가 시행됩
니다.

고향사랑기부제는 개인이 고향 등 자신이 거주하지 않는 지자체에 기부금
을 내면 세금 감면에 답례품 혜택까지 주는 제도입니다. 우리보다 15년 앞서
관련 제도(고향납세)를 도입한 일본은 2020년 기부액이 무려 7조 원에 이를
정도로 전 국민적인 호응을 이끌어내며 도농상생의 마중물로 자리를 잡았습
니다.

우리나라에서도 이 제도가 잘 정착된다면 지방소멸 위기에 놓인 지역경제
가 활성화되고 지역 농축산물 소비도 크게 진작되는 긍정적인 효과가 나타날
것입니다.

농업·농촌에서 가장 영향력 있는 종합일간지인 농민신문은 그 동안 농업
인의 목소리를 대변하면서 고향사랑기부제 도입, 농업부문 예산 증액과 같이
농업·농촌을 위한 각종 제도 마련에 앞장서 왔습니다.

특히, 2016년 2월 일본의 고향납세 사례를 처음 보도하면서 우리나라 지역 경제 활성화를 위해서는 이 제도가 반드시 필요하다는 인식을 가지고 고향사랑기부제를 널리 알리는 데 최선을 다하였습니다.

올해 농민신문사는 고향사랑기부제 시행에 따른 이론적 기반 구축 및 전국 지자체·지역농협의 사업 추진에 도움을 드리기 위해 고향사랑 지침서, 실천 가이드북 등 다양한 책자를 총서 형식으로 발행하고자 합니다.

〈고향사랑총서〉에는 국내 학자들의 제도 탐구, 일본 우수사례 번역서, 농민신문사 연구용역 보고서 등이 두루 수록될 예정입니다.

이번에 발행되는 〈고향사랑총서〉가 제도의 정확한 이해를 돕고 다양한 실행 방안을 마련하는 데 많은 도움이 되기를 바랍니다. 앞으로도 우리 농민신문과 범농협은 고향사랑기부제의 성공적 정착을 위해 최선의 노력을 다해 나가겠습니다.

모쪼록 고향사랑기부제가 잘 정착되어 우리 농촌에 생기가 돌고 전국 방방곡곡에 활력이 넘쳐나길 기원합니다.

농협중앙회장
농민신문사 대표이사 회장 **이 성 희**

·
·
·

이 책이 고향사랑기부제의 성공적 정착에
밑거름이 되어 지속가능하고 활력 넘치는 지역사회가
만들어지기를 기대합니다

2023년 1월, 범농업계가 그토록 염원하던 고향사랑기부제가 시행됩니다. 지난 2007년, 최초 도입 논의 후 15년여 만에 이룬 결실입니다. 먼저 제도 도입을 위해 각각의 역할에 충실한 많은 관계자분들과 전국의 240만 농업인의 마음을 담아 『고향사랑기부제 교과서』 발간을 축하드립니다.

고향사랑기부제가 시행되면 다양한 유·무형의 가치들이 실현될 것입니다. 저출산 및 고령화로 인한 자연인구 감소와 맞물려 대도시 중심으로의 인구 쏠림 현상으로 지역소멸 위기가 현실화되고 있는 상황에서 침체된 지역사회에 활력을 불어넣는 중요한 대안이 될 것입니다.

열악한 지방 재정의 확충으로 보다 나은 사회 서비스 기능을 제공할 수 있으며, 이는 지역주민의 삶의 질 향상으로 직결될 것입니다. 또한 국산 농축산물과 농축산 가공품 수요 증가로 지역경제 활성화와 농가 경영 안정에도 큰 도움이 될 것입니다.

그러나 이 모든 긍정적 파급효과는 고향사랑기부제가 성공적으로 정착되지 않으면 무용지물이 될 수밖에 없습니다. 모든 이해관계자가 각각의 역할에 매진함은 물론 지속적인 상호관계를 통해 고향사랑기부제를 보완·발전시켜 나가야 할 것입니다.

　이 책에는 고향사랑기부제의 의미와 효과, 그리고 성공적 정착을 위한 여러 방안들이 제시되어 있습니다. 다양한 사례와 진단을 바탕으로 지자체를 포함한 이해관계자의 역할, 제도의 내실화 방안 등을 폭넓게 담고 있어 독자에게 유익한 정보를 제공할 것이라 믿어 의심치 않습니다.

　아무쪼록 이 책을 통해 국민 모두가 고향사랑기부제에 공감하고 내실 있는 제도 시행을 통해 궁극적으로는 지속가능한, 그리고 활력 넘치는 지역사회가 조성되기를 기대합니다.

(사)한국농업경영인중앙연합회장
이 학 구

·
·
·

우리 모두가 지역불균형 문제에 좀 더 관심을 갖고 기부에
나선다면 제도 도입을 통해 이루고자 했던 지역 간 격차 해소와
농촌경제 활성화에 성큼 다가설 수 있을 것입니다

수도권 주민의 삶과 비수도권 주민의 삶은 격차가 큽니다. 도시화가 진행되
는 지역은 사정이 좀 낫지만 그렇지 못한 농어촌지역은 소득·고용·교육·건강
측면에서 지역 간 양극화가 심화되고 있습니다.

2007년 말 시작된 고향사랑기부제에 대한 논의가 10년간 표류하다가, 2017
년 국정과제 채택과 법안 재발의를 거쳐 4년 만에 제정(2021. 10. 19)된 것은 지
방자치단체의 재정을 보완하고 지역경제 활성화를 도모할 수 있는 새로운 정
책방안의 첫걸음으로서 의미가 깊다고 할 수 있습니다.

2023년 1월 시행을 앞두고 지자체에서는 기부금을 예치하기 위해 전담부서
를 설치하고 홍보자료를 만드는 등 분주한 모습입니다.

하지만 우리는 고향사랑기부제에 대해 얼마나 잘 알고 있을까요.

세법전문가인 저자는 앞서 집필한『세금전쟁』에서 세법심사 현장에서 활약
한 경험을 바탕으로 복잡한 세금을 누구나 이해하기 쉽게 풀어썼습니다. 이번
『고향사랑기부제 교과서』역시 마찬가지입니다.

고향사랑기부제의 도입 배경과 주요 내용, 제도의 효율적 추진을 위한 각 주체(중앙정부, 지자체, 지역주민, 기부자, 답례품 생산자, 웹사이트 운영자)의 역할에 대해 친절하게 설명하고 있습니다. 저자는 동 제도는 각 주체들이 유기적 관계를 맺고 수용과 대응을 거치면서 점점 발전해가는 진행형 정책이라는 점을 강조합니다.

적절한 보상이 없는데 기부를 할 사람은 많지 않습니다. 기부를 이끌어낼 수 있는 마케팅 전략, 기부자가 보람을 느낄 수 있는 집행계획, 차별화된 답례품 발굴 등 고향사랑기부제의 성공적 정착을 위해 고려할 점도 지적했습니다.

우리 모두가 지역불균형 문제에 좀 더 관심을 갖고 문제해결을 위해 기부에 나선다면 제도 도입을 통해 이루고자 했던 지역 간 격차 해소와 농촌경제 활성화에 성큼 다가설 수 있을 것입니다. 고향사랑기부제가 기부자도 좋고 지자체도 좋은 성공적 정책으로 자리 잡는 데 이 책이 길라잡이 역할을 할 수 있길 바랍니다.

축산관련단체협의회장·한국낙농육우협회장
이 승 호

추 천 사

•
•
•

# 이 책이 고향사랑기부제를 이해하고 준비하는 지자체와 답례품 생산자, 참여하는 도시 기부자들에게 많은 정보를 제공할 것입니다

먼저, 『고향사랑기부제 교과서』 발간을 전국 3만 5,000여 수산업경영인과 10만여 수산인을 대표하여 진심으로 축하드립니다.

최근 지역인구의 대도시 유출로 인해 지역사회는 활력이 저하되고 지역소멸이 가속화되고 있는 상황입니다. 고향사랑기부제는 고향을 떠나 외지에서 살고 있는 사람들이 고향 지방자치단체에 기부할 수 있는 기회를 열어줌으로써 지역사회에 활력을 불어넣고, 고향에 거주하는 이웃들과의 연대와 협력을 통해 우리 사회의 상생 공동체 문화를 형성하는 데 큰 도움이 될 것으로 기대됩니다.

이를 뒷받침하기 위해 「고향사랑 기부금에 관한 법률」이 제정되어 2023년 1월 1일부터 시행 예정입니다. 이런 제도가 우리 사회에 안정적으로 정착할 수 있도록 돕는 『고향사랑기부제 교과서』 발간은 매우 의미가 크다고 생각합니다.

책에서는 기부제의 도입 배경 및 필요성, 기부제의 작동원리를 기부자, 지방자치단체, 주민, 답례품 생산자, 웹사이트 운영자, 정부 등 6인의 인물로 등장시켜 알기 쉽게 풀어 설명하였으며, 우리나라보다 먼저 도입한 일본의 고향납세제도와 성공사례를 소개하고 있어 이 제도를 이해하고 준비하는 지방자치단체와 답례품 생산자는 물론 기부제에 참여하는 기부자를 비롯한 독자에게 많은 정보를 제공할 것이라 믿습니다.

이 제도의 시행을 앞두고 지역소멸 위기에 처해 있는 전국의 지방자치단체는 벌써부터 열악한 지방재정을 확충하고, 지역발전의 새로운 전환점이 될 것이라고 환영하며 조례 제정과 전담부서 설치 등 관련 업무를 준비하고 있습니다. 고향을 사랑하는 출향인들이 고향사랑기부제에 적극 동참하시어 지역사회에 활력과 보탬을 주고 대도시와 지역이 서로 돕는 상생 모델로 발전시켜나가길 응원하겠습니다.

다시 한번 『고향사랑기부제 교과서』 발간을 축하드리며, 고향사랑기부제의 안정적인 정착으로 농어촌을 비롯한 지역사회의 경제활성화와 국가균형발전에 이바지하길 기대합니다.

한국수산업경영인중앙연합회장 **김 성 호**

# 차례

## 표 목차

그림 목차

# I

# 왜 고향사랑기부제가
# 필요한가

## 어려울 때는 변화가 필요하다

고향사랑기부제는 지역경제의 활성화를 통해 지역 간 균형발전과 재정격차 해소를 위해 2021년 도입되었다. 특히, 이 제도는 수도권으로의 인구 유출과 그로 인한 재정 악화 그리고 지역 활력의 저하라는 악순환으로 인해 어려움을 겪고 있는 지방자치단체를 지원할 돌파구로서 모색되었다는 점에서 의의가 크다.

## 인구감소와 재정 압박이 심화되고 있다

2021년 10월 정부는 경기도 연천군과 가평군뿐만 아니라 부산 동구와 서구를 비롯한 전국 89곳의 기초자치단체를 인구감소지역으로 지정하였다.

인구감소지역은 공통적으로 저출산·고령화로 인한 자연적인 인구감소와 도심지로의 사회적 인구 유출이 발생하고 있는 지역으로, 인구의 감소는 재정수입의 감소로 이어지고 지역에 대한 투자 저하와 지역경제의 후퇴를 발생하여 인구가 증가하는 지역과 대비해서 갈수록 경제적인 격차를 발생시킬 수 있다. 각 지방자치단체는 지역마다 특수한 성격을 갖고 있어서 이들 지역을 살리기 위해서는 행정적·재정적인 지원이 필요하다.

그리고 지방자치단체가 재정 압박을 받는 이유 중 하나는 국가 조세수입이 중앙정부에 편중되어 있는 현실과도 무관하지 않다. 다음 표처럼 지역의 살림살이를 중앙정부의 재정에 의지할 수밖에 없는 상황에서 지역의 독자적인 발전은 요원한 과제가 되고 있다.

다음 표는 2010년에서 2019년까지 10여년 동안 국세 대 지방세의 배분율을 보여주고 있다. 2010년 국세 대비 지방세가 177.7조원과 49.2조원으로 78.3%와 21.7%의 비율이었다. 그런데 2019년에도 국세 대비 지방세가 294.8조원과 81.8조원으로 78.3%와 21.7%의 비율로 거의 변함이 없다.

**<표 1-1> 국세 대 지방세 배분율 추이(2010~2019년)**

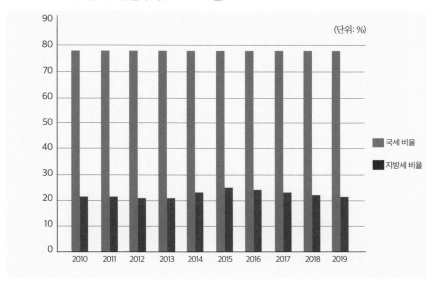

(단위: 조원)

| 구분 | 2010 | 2011 | 2012 | 2013 | 2014 | 2015 | 2016 | 2017 | 2018 | 2019 |
|------|------|------|------|------|------|------|------|------|------|------|
| 국세 | 177.7 | 192.4 | 203.0 | 201.9 | 205.5 | 217.9 | 242.6 | 251.1 | 268.2 | 294.8 |
| 지방세 | 49.2 | 52.3 | 53.9 | 53.8 | 61.7 | 71.0 | 75.5 | 75.0 | 77.9 | 81.8 |
| 총조세 | 226.9 | 244.7 | 256.9 | 255.7 | 267.2 | 288.9 | 318.1 | 326.1 | 346.1 | 376.6 |

낮은 지방세의 비중은 지방자치단체의 저예산으로 이어져 취약한 재정자립도로 연결된다. 그리고 중앙정부가 지방자치단체에 재정과 권한의 이양 없이 업무만 이전하게 될 경우에는 상황이 더욱 악화된다.

다음 표의 2019년 중앙정부와 지방자치단체 간 재정지출 규모를 살펴보면, 전체 재정수입의 39.0%를 중앙정부가 사용했고 나머지 61.0%는 지방자치단체가 지출했다. 그리고 지방자치단체 예산 중 지방교육재정 등으로 사용된 이

후 순수하게 지방자치단체가 사용한 금액은 38.1%이다.

<표 I-2> 국가와 지방자치단체의 재정사용액(2019년)   (단위 : 억원)

| 구분 | | 중앙정부 | 자치단체 | 지방교육 |
|---|---|---|---|---|
| 통합재정 지출규모<br>7,709,200 | | 4,695,752(61.0%) | 2,307,488(29.9%) | 705,960(9.1%) |
| 이전<br>재원<br>공제<br>내역 | 계<br>(△1,659,657) | △1,704,396 | △3,703 | 48,442 |
| | ① 중앙정부<br>→자치단체 | △1,111,751<br>지방교부세 524,618<br>국고보조금 587,133 | (982,652) ⊕129,099<br>지방교부세 432,954<br>국고보조금 549,698 | - |
| | ② 중앙정부<br>→지방교육 | △592,645<br>교육교부금 552,488<br>교육보조금 2,004<br>유아교육지원특별<br>38,153 | - | (551,214) ⊕41,431<br>교육교부금 511,733<br>교육보조금 2,004<br>특별회계전입금<br>37,477 |
| | ③ 자치단체<br>→지방교육 | - | △132,802<br>전출금(의무) 104,413<br>보조금(재량) 28,389 | (125,791) ⊕7,011<br>전출금(의무) 113,330<br>보조금(재량) 12,461 |
| 통합재정 사용액<br>6,049,543 | | 2,991,356(49.4%) | 2,303,785(38.1%) | 754,402(12.5%) |

출처) 행정안전부

　　문제는 국고보조사업의 지속적인 증가가 지방재정을 압박하고 있다는 사실이다. 국고보조사업은 국가뿐만 아니라 지방자치단체도 사업비의 일정 부분을 부담하도록 요구하고 있어서 지방자치단체는 자체사업이 아님에도 불구하고 일정액을 반드시 지출할 수밖에 없다. 이렇게 되면 자체적으로 추진하고자 하는 사업에 충당해야 하는 예산이 감소하게 된다. 결과적으로 국고보조사업의 증가는 지방자치단체가 자체사업을 추진하는 데 커다란 장애물로 작용하고 있다.

　　또한 지방자치단체의 사회복지사업 확장은 지방재정의 어려움을 더욱 가중시키고 있다. 사회복지사업의 근간을 이루는 6대 분야는 ①기초연금 ②기초생활급여 ③장애인연금 ④영유아보육료 ⑤양육수당 ⑥아동수당이다.

2008년 예산총계 기준으로 33.9조원 수준의 사회복지예산이 2015년에는 72.7조원으로 급증했고, 보육·가족·여성 예산은 6.7조원에서 20.5조원으로, 노인과 청소년 예산은 7.9조원에서 23.1조원으로 큰 폭으로 증가하였다. 복지 관련 국고보조사업이 확대됨에 따라 지방자치단체는 관련 사업에 지방비를 충당함으로써 갈수록 자체사업 추진이 힘들어지고 있다.

<표 1-3> 기초자치단체의 평균 자체사업·보조사업·사회복지사업비 비중

(단위: %)

| 구분 | 자체사업비 비중 | | | 보조사업비 비중 | | | 사회복지비 비중 | | |
|------|------|------|--------|------|------|--------|------|------|--------|
| | 시 | 군 | 자치구 | 시 | 군 | 자치구 | 시 | 군 | 자치구 |
| 2010 | 33.8 | 27.0 | 22.6 | 45.5 | 54.2 | 50.9 | 24.9 | 16.6 | 42.5 |
| 2012 | 31.5 | 26.2 | 19.8 | 46.6 | 54.9 | 53.1 | 26.0 | 16.9 | 46.1 |
| 2014 | 29.3 | 26.5 | 16.2 | 49.7 | 54.2 | 60.0 | 32.1 | 19.6 | 52.9 |
| 2016 | 30.6 | 27.1 | 16.6 | 49.3 | 54.0 | 61.7 | 33.0 | 21.1 | 55.3 |
| 2018 | 33.3 | 30.0 | 17.9 | 48.1 | 51.5 | 61.4 | 34.5 | 21.8 | 55.1 |
| 2019 | 32.0 | 30.4 | 17.2 | 50.1 | 51.2 | 63.1 | 36.1 | 22.6 | 56.9 |

출처) 행정안전부

## 활기를 찾고 있는 일본의 고향

2015년 일본의 고향납세 기부금 실적이 급증하여 이에 대한 관심이 높아졌다. 사실 고향납세제도는 2008년에 시작되었지만 기대와는 달리 수년 동안 눈에 띄는 성과를 내지 못하였다.

그러나 일본정부의 적극적인 경기부양정책과 고향납세의 홍보, 지방자치단체의 다양한 답례품 제공, 민간 웹사이트들의 치열한 고향납세시장 선점을 위한 노력을 통해 고향납세 기부금액이 2012년 104억엔에서 2013년 145억엔으로 늘어났으며, 2014년에는 389억엔으로 전년 대비 2배 이상 증가하였고, 2015년에는 1,652억엔으로 전년 대비 4배 이상 상승하였다.

2015년 일본정부는 고향납세제도에 대한 추가 지원책을 발표하였다.

첫째, 원스톱 특례제도를 신설하였다. 이를 통해 그동안 기부자가 고향납세를 신청한 후 별도로 확정신고를 해야 하는 번거로움을 개선하였다.

둘째, 소득공제 한도액을 두 배 올려서 더 많은 지방자치단체에 기부할 수 있도록 하였다. 기부자는 소득공제 한도액 인상으로 더 많은 금액을 기부하여 다양한 답례품을 받을 수 있게 되었다.

위와 같은 일본정부의 노력은 고향납세 실적을 크게 상승시켰다. 2015년 고향납세 기부 실적은 1,652억엔(한화 1조 7,090억원)이었는데 2020년에는 6,725억엔(한화 7조 1,500억원)으로 4배 이상 증가하였다.


**우리나라 현실에 맞는 고향사랑기부제를 설계하자**

일본의 고향납세제도는 지역균형발전을 통해 지방재정의 어려움을 개선했다는 측면에서 의의가 있다. 그러나 일본의 고향납세제도는 주민세가 주요 이전 재원이므로, 주민세 비중이 낮은 우리나라에 이 제도를 그대로 도입하기에는 어려움이 있다.


**정치자금의 손금산입특례 방식을 적용하면 중앙 재원이 지방으로 이전될 수 있을까**

저자는 일본의 고향납세제도를 우리나라에 도입하는 방안으로 정치자금의 손금산입특례제도(정치자금 기부금 세액공제)를 적용할 필요가 있다고 제안해왔다. 일반 기부금 세액공제와 달리 정치자금을 기부한 자는 조세특례제한법에 따라 그 정치자금에 상당하는 금액에 대해 소득세를 일정 금액까지 전액 공제받을 수 있다. 이러한 방식을 적용하면 우리나라 현실에 맞는 고향사랑기부제를 만들 수 있다고 생각했다.

저자의 주장처럼 우리나라의 고향사랑기부제는 지방자치단체에 기부한 납세자에게 10만원까지는 전액을 세액공제하고, 10만원을 초과한 금액에 대해서는 다른 기부금처럼 기부액의 16.5%를 세액공제하는 방식으로 도입되었다.

일본의 고향납세제도와 우리나라의 고향사랑기부제를 비교 설명하면, 일본의 고향납세제도는 주민세를 중심으로 지방자치단체 간의 수평적 재원 이전이고, 우리나라의 고향사랑기부제는 정치자금의 손금산입특례 방식과 동일하게 중앙정부와 지방자치단체 간의 수직적 재원 이전이라고 할 수 있다.

이러한 제도적 차이로 인해 일본의 고향납세제도는 기부제보다는 납세제도라는 용어가 적당하고, 반면 우리나라에서는 기부제로서 공제를 받는 의미가 크기 때문에 제도적 취지에 상응하여 '고향사랑기부제'라는 용어가 적절하다.

## 고향사랑기부제가 필요하다

고향사랑기부제는 지속가능한 재정 확충에 어려움을 겪고 있는 지방자치단체에 새로운 돌파구를 마련해줌으로써 창의적이고 도전적인 자치단체에 활력을 불어넣을 것으로 기대된다.

고향사랑기부제는 100만원 한도 내에서 기부금의 30% 상당의 답례품 제공이 가능하도록 하고 있다. 이러한 답례품 제도에 대해 소모적이고 비효율적인 시스템이라고 비판하면서 불필요한 과당경쟁을 일으킬 수 있다는 지적도 있다. 그러나 기부자에게 일정 금액 상당의 답례품을 제공함으로써 본 제도에 대한 관심을 불러일으킬 수 있으며, 답례품 제공에 소요되는 예산은 전액 지역경제 활성화에 기여하는 용도로만 쓸 수 있게 되어서 기부금이 균형적으로 사용되도록 유도하는 측면이 있다.

또한 지방자치단체에 기부금을 제공하는 국민은 기부금의 사용 목적을 지정함으로써 기부의 효용성을 증대할 수 있고, 기부자가 기부금이 본래 의도한 목표를 달성했는지 확인할 수 있어서 향후 지속적인 기부가 가능하도록 한다.

지방자치단체는 고향사랑기부제를 통해 증가한 수입으로 자체사업을 수행함으로써 재정수입의 자율성과 지출의 책임성을 강화할 수 있다. 이러한 자율성과 책임성은 따로 떨어져서 기능하지 않고 총체적으로 역할을 수행할 때 본래의 효과를 달성할 수 있으며, 이는 지방자치제도가 원래 취지대로 운영되는 결과로 이어진다. 즉, 고향사랑기부제는 지방자치단체가 자율적인 재정수입으로 마련한 예산을 지방자치단체의 책임으로 지출할 수 있는 제도라는 점에서 성숙한 지방자치제도 발전에 이바지할 것으로 기대된다.

## 2021년 9월 28일 고향사랑 기부금법이 국회 본회의를 통과했다

고향사랑 기부금법이 문재인 정부 100대 국정과제에 포함되었고, 20대 국회에 이어 21대 국회에서도 관련 법률안이 제출되었다. 2020년 9월 22일 국회 행정안전위원회는 전체회의를 열어 '고향사랑 기부금에 관한 법률안(대안)'을 마련하였다. 그 후 농민단체·축산단체 및 지방자치단체가 본 법률안의 조속한 처리를 위해 노력한 결과 2021년 9월 28일 법률안이 전격적으로 통과되었다.

## 2023년부터 고향사랑기부제가 실시된다

고향사랑기부제는 1년 동안의 준비기간을 거쳐 2023년부터 본격적으로 실시된다. 시행 첫해에 기부액이 약 1조원을 넘어서고, 답례품 시장 규모는 3,000억원에 이를 전망이다. 10만원을 기부하면 연말정산 또는 소득세 확정신고를 할 때 전액을 돌려받을 수 있고, 추가적으로 기부한 지역에서 3만원 상당의 답례품을 받을 수 있다. 그러므로 소득세 부담세액이 10만원 이상인 납세자는 모두 이 제도를 활용하여 기부할 것으로 예상된다. 2019년 기준으로 소득세를 납부하는 납세자 인원이 1,600만명이 넘기 때문에 이 중에서 1,000만명이 10만원씩 기부하면 1조원의 기부가 이뤄질 전망이다.

## 본 저서가 시행착오를 줄이는 나침반이 됐으면 한다

초행길에 방향을 잘못 설정하고 길을 떠나게 되면 언젠가는 가던 길을 돌아와야 한다. 그러한 수고로움을 겪지 않기 위해서는 비록 천천히 걷더라도 올바른 방향으로 나아가야 한다. 본 저서가 고향사랑기부제의 본격 시행과 더불어 발생할 여러 가지 시행착오를 줄여주는 나침반이 되길 바란다.

고향사랑기부제 교과서-HDP 래블루션

# 고향사랑기부제의 도입

# 1. 국회에서의 논의

## 가. 행정안전위원회 심사

　고향사랑기부제에 관한 법률안의 국회 제출은 2009년(18대 국회)부터 시작되었다. 당시 고향사랑기부제 법률안은 21대 국회(2020년 5월 30일~2024년 5월 29일)처럼 고향사랑기부금법안이라는 별도의 법률안이 아닌 지방재정법, 기부금품의 모집 및 사용에 관한 법률, 지방교부세법 및 조세특례제한법률 등을 일부 개정하는 법률안의 형식으로 국회에 제출되었다.

　그러나 이들 법률안에 대한 논의를 진행하면서 일본과 다른 재정제도를 운영하고 있는 우리나라에서 일본과 유사한 형태로 본 제도가 자리 잡을 수 있을지에 대한 회의적인 반응이 있었다. 특히, 일본의 고향납세제도는 지방자치단체 간 재원 이전이라는 점에서 우리나라의 재정 현실과 맞지 않다.

　21대 국회에서는 5명의 대표의원(이원욱·한병도·김승남·김태호·이개호)이 고향사랑기부법률안을 국회에 제출하였다. 기부금법으로는 「기부금품의 모집 및 사용에 관한 법률(기부금품법)」이 있지만, 동법에서는 국가나 지방자치단체 등의 기부금품 모집과 자발적인 기탁금품 접수를 원칙적으로 금지하고 있고 일부 예외적인 경우만을 허용하고 있다. 그러므로 기부금품법과의 상충을 막기 위해 별도의 고향사랑기부금법안이 필요하였다.

　행정안전위원회는 다음 표의 5개 법률안을 분석한 후에 2020년 9월 22일 위원회 대안을 제출하였다. 위원회 대안은 국회의원 또는 정부가 제출한 법률안인 원안을 심사한 결과 원안의 취지를 변경하지 않는 범위에서 그 내용을 수정하거나 체계를 다르게 하여 제출한 법률안이다.

<표 II-1> 행정안전위원회의 고향사랑기부금법안 심사 현황

| 의안명 | 제안자 | 제안일 | 본회의 |
|---|---|---|---|
| 고향사랑기부금에 관한 법률안(대안) | 행정안전위원회 위원장 | 위원회 대안가결 : 2021. 09. 22 | 제안일: 2021. 09. 24 의결일: 2021. 09. 28 |
| 고향사랑기부금에 관한 법률안(이원욱 의원 등) | 의원 | 2020. 08. 18 | 2021. 09. 28 (대안반영폐기) |
| 고향사랑기부금에 관한 법률안(한병도 의원 등) | 의원 | 2020. 07. 23 | 2021. 09. 28 (대안반영폐기) |
| 고향사랑기부제에 관한 법률안(김승남 의원 등) | 의원 | 2020. 07. 07 | 2021. 09. 28 (대안반영폐기) |
| 고향사랑기부금에 관한 법률안(김태호 의원 등) | 의원 | 2020. 07. 02 | 2021. 09. 28 (대안반영폐기) |
| 고향사랑기부금에 관한 법률안(이개호 의원 등) | 의원 | 2020. 06. 03 | 2021. 09. 28 (대안반영폐기) |

행정안전위원회는 위원회 대안의 제안 이유를 다음과 같이 밝히고 있다.

최근 가속화하고 있는 지역 인구 유출로 인해 지역사회의 활력이 저하되고 있다. 2019년 말 기준으로 수도권 인구비율이 전체 인구의 50%를 넘어서고 있어 인구분포의 불균형 현상이 심화되고 있다. 또한 지역에서 성장한 인재들이 외지로 이주하여 이들이 나고 자란 지역으로 재정적인 선순환이 이뤄지지 않고 있다.

고향사랑기부제는 고향을 생각하는 사람들이 고향에 기부할 수 있는 기회를 열어줌으로써 지역에 활력을 불어넣고자 하는 제도이다. 제도 참여자들은 지역경제의 활성화를 지원할 수 있을 뿐만 아니라, 기부행위를 통해서 고향에 거주하는 이웃들의 현재 상황을 이해하고 미래를 설계할 수 있다. 이는 공감을 통해 우리 사회에 상생하는 공동체 문화를 형성하는 데에도 도움을 줄 수 있다. 한편, 일본에서는 2008년부터 고향 등에 기부할 경우 세액감면 혜택을 제공하는 고향납세제도를 운영하고 있다. 이 제도로 재난상황이 발생한 고향 등에 도움을 주게 되어 사회적으로 좋은 반응을 얻고 있고, 지방자치단체의 세수를 증대시키는 데도 상당한 역할을 하고 있다.

행정안전위원회에서는 먼저 지역의 인구감소와 재정적인 어려움에 대해서 설명하고, 이에 대응할 수 있는 방안으로 향후 고향사랑기부제가 가져올 지역 활력에 대해 말하고 있다. 대안의 주요 내용은 다음과 같다.

가) 이 법은 고향사랑기부금의 모금접수와 고향사랑기금의 관리·운용에 관하여 필요한 사항을 정하여 고향에 대한 건전한 기부문화를 조성하고 지역경제를 활성화함으로써 국가균형발전에 이바지한다.

나) 지방자치단체는 해당 지방자치단체의 주민이 아닌 사람에 대해서만 고향사랑기부금을 모금한다.

다) 지방자치단체는 모금한 고향사랑기부금의 효율적인 관리·운용을 위하여 기금을 설치하며, 지역경제의 활성화와 주민의 복리증진에만 사용한다.

라) 행정안전부 장관 및 지방자치단체장은 고향사랑기부제에 대해 주기적으로 조사·분석하여 기부가 활성화되도록 노력해야 하고, 정보시스템을 구축 및 운영한다.

마) 지방자치단체는 고향사랑기부금의 접수 현황과 고향사랑기금의 운용

결과를 공개한다.

바) 고향사랑기부금의 모금을 강요한 자는 3년 이하의 징역이나 3,000만 원 이하의 벌금에 처한다.

고향사랑기부금은 주민이 아닌 사람에게만 모금할 수 있다고 하여 기부자가 고향 등에 기부할 수 있도록 유도하며, 기부금을 기금으로 관리하게 하고 운용 결과를 투명하게 공개할 수 있도록 하고 있다. 또한 기부금 모금을 강요한 자를 형사처벌함으로써 기부행위로 인해 발생할 수 있는 위법행위를 사전에 방지하고자 했다.

한편, 법인은 기부를 할 수 없다. 정치자금기부제 운영 과정에서 지방자치단체의 과도한 모집 및 홍보 행위가 있었기 때문에 지역 기업인이 기부금을 강제성을 띤 준조세로 인식할 수 있다는 점을 우려했다. 또한 법인이 지방자치단체에 기부가 가능하면 지방자치단체와 지역주민 및 지역 기업인 사이에 유착 관계가 생길 수 있다는 점을 고려한 결과로 보인다.

## 나. 법제사법위원회 심사

2020년 9월 22일 고향사랑기부법안(행정안전위원장 대안)은 행정안전위원회에서 가결된 후 법제사법위원회에서 헌법이나 다른 법률과 체계상 문제가 없는지 또는 문장에 오류가 없는지를 조문별로 살펴보는 단계에 들어갔다. 모든 상임위원회의 법률안은 법제사법위원회에서 최종적으로 검토하기 때문에 법제사법위원회에서도 새로운 제도에 대한 여러 의견을 접할 수 있다.

법제사법위원회에서는 다음과 같이 2020년 11월 18일 고향사랑기부법안을 접수하고, 2021년 9월 24일 처리할 때까지 4번의 소위원회를 열어 법안을 검토한다.

| 번호 | 회의명 | 회의일 | 회의 결과 |
|---|---|---|---|
| 1 | 제382회 국회(정기회)<br>제8차 전체회의 | 2020. 11. 18 | 상정/제안설명/검토보고/대체토론/소위회부 |
| 2 | 제384회 국회(임시회)<br>제1차 법안심사제2소위 | 2021. 02. 25 | 상정/축조심사 |
| 3 | 제385회 국회(임시회)<br>제1차 법안심사제2소위 | 2021. 03. 16 | 상정/축조심사 |
| 4 | 제388회 국회(임시회)<br>제1차 법안심사제2소위 | 2021. 06. 24 | 상정/축조심사 |
| 5 | 제391회 국회(정기회)<br>제1차 법안심사제2소위 | 2021. 09. 24 | 상정/축조심사/의결<br>(수정가결) |
| 6 | 제391회 국회(정기회)<br>제3차 전체회의 | 2021. 09. 24 | 상정/소위심사보고/찬반토론/의결(수정가결) |

## 1) 2021-02-25 소위원회 논의(제1차 논의)

2021년 2월 25일 소위원회에서는 고향사랑기부제를 둘러싸고 그동안 제기되어왔던 찬반 논의에 대한 설명이 있었고, 이에 대해 제도의 부작용이 발생할 수 있다는 의견과 법안에서 부작용 규율조치의 설명이 이어진 후 그럼에도 불구하고 발생할 수 있는 부작용의 개연성에 대해서 토의했다.

찬반 논의 중 찬성 의견은 고향사랑기부제는 지역소멸이 가속화되는 시점에서 지역 활성화에 도움을 줄 수 있어 지방자치단체에 대한 기부를 제도화하여 이를 투명하게 관리할 필요가 있다고 주장했다. 이에 대해 반대 의견은 ① 지방자치단체 간의 경쟁이 과열될 우려가 있고 ② 답례품 제공은 선거법 위반 가능성이 있어서 기부의 본질이 흐려질 수 있으며 ③ 기부 제한과 관련하여 그 시기적인 범위나 인적 범위를 규율하여 부작용을 방지하도록 상세히 규정할 필요가 있고 ④ 일본처럼 지방자치단체에 대한 세제혜택 방안을 논의해야 한다는 주장이다.

이러한 찬반 논의에 대해 윤○○ 위원은 본 제도로 인해 발생할 수 있는 부작용에 관하여 다음의 질의를 던진다.

국회의원들 후원금은 1년에 1억 5,000만원이잖아요, 그렇지요? 거기다가 1년에 국회의원 일인당에 낼 수 있는 금액도 500만원이거든요. 그런데 고향사랑기부법안은 한도규정을 두고 있지 않고 대통령령으로 정하겠다고 규정되어 있어요.
그러나 1995년에 민선시장 선거하면서, 자치단체장 선거하면서 기업의 후원을 왜 폐지했는지 연구한다면 자치단체 간에 경쟁이 얼마나 심해질 수 있는지 예측할 수 있습니다.

윤○○ 위원은 기업의 부담감을 주장한 것이다. 이러한 질의에 대해 행정안전부와 백○○ 위원은 반론을 한다.

위원의 질의는 모금에 초점을 두고 있으나 법안은 기부에 초점을 두고 규율하고 있음을 말한다. 자율적인 기부의 장려라는 의미에서 법안에서는 첫째, 기부 대상에 있어 지역주민과 법인은 기부를 못하도록 하고 있다. 둘째, 모금방법에 있어서 전화·서신 또는 호별 방문을 금지하고 있다. 셋째, 모집방법 위반행위에 대해 기부 강요행위는 3년 이하의 징역 또는 3,000만원 이하의 벌금을 부과하고 있다. 그리고 기관처벌 조항을 마련하여 지방자치단체가 위법하게 모집행위를 할 경우 1년 이내의 기간 동안 기부금 모집·접수를 제한할 수 있는 조항도 있으며, 지도·감독 조항, 위반사실 공표 조항의 처벌장치가 마련되어 있다.

고향사랑기부제로 인해 발생할 수 있는 부작용에 대해 여러 가지 법적 조치를 마련하고 있으나 선거 때 영향을 미칠 염려가 있으므로 시행기간을 조정한다든지, 또한 광역자치단체와 기초자치단체가 모두 법상으로는 동등한 조건으로 이 제도에 참가할 수 있다는 점 등의 쟁점을 다음 소위원회에서 상세하게 논의해볼 필요가 있다는 결론에 다다르게 된다.

이상의 논의를 거쳐 다음 소위원회에서는 ① 공무원 동원 모금 방지책이 마련될 필요가 있고 ② 기부액이나 접수액 상한이 필요하며 ③ 광역 및 기초자치단체의 중복 모금 타당성에 대해 검토할 필요가 있고 ④ 시행일 유예가 필요하다는 네 가지 쟁점에 대해 다시 논의할 필요가 있다고 결론을 내렸다.

## 2) 2021-03-16 소위원회 논의(제2차 논의)

1차 소위원회에서 말한 네 가지 사항에 대한 재논의를 한다.

첫째, 기부금 모집 강요행위와 관련하여 일반인 '누구든지' 고향사랑 기부를 강요할 때는 처벌하며, 공무원의 경우는 강요하는 행위뿐만 아니라 적극적으로 권유·독려하는 행위도 형사처벌을 받는다는 내용에 대한 논의이다. 공무원처럼 특별권력관계에 있는 경우는 강요는 아니라고 하더라도 적극적인 독려도 강요와 마찬가지이므로 처벌할 필요가 있다는 결론에 도달한다.

둘째, 기부액과 접수액의 상한에 대한 논의가 진행되었으나 정리될 정도로 결론이 나지 못하였다.

셋째, 광역 및 기초자치단체 모두 고향사랑기부금을 모집·접수한다면 재정자립도가 큰 서울이나 광역자치단체의 경우는 기부금까지 받게 되며, 그렇게 되면 지역 간 격차가 심해지지 않는지에 대한 논의이다. 이 논의에 대해 행정안전부에서는 다음과 같이 말하고 있다.

> 만일 고향사랑기부금 접수 주체에서 광역자치단체를 제외할 경우 광역자치단체를 역차별하는 문제 및 광역자치단체와 기초자치단체 간 갈등이 발생할 우려가 있다.

행정안전부에서는 지방자치단체에 광역자치단체도 포함하는 편이 제도 신설에 있어서 갈등요소를 완화할 수 있다고 판단한 것이다. 결국 지역 간 격차 문제는 여러 사회경제적 요인으로 발생하며 설사 고향사랑기부제에 의해 심화된다고 할지라도 이 제도가 일으킬 수 있는 지역 활력의 장점이 보다 실익이 크므로 일단 제도의 신설은 인정하되, 제도로 인하여 발생할 수 있는 부작용은 국가에서 책임질 수밖에 없는 것으로 해석할 수 있다.

넷째, 시행일 유예에 관해서는 지방선거 일정을 고려해 보통의 경우라면 개정안은 공포 후 6개월로 돼 있는데, 이것을 2023년 1월 1일 이후로 하자는 의견이 제시되었다.

## 3) 2021-06-24 소위원회 논의(제3차 논의)

기초자치단체뿐만 아니라 광역자치단체도 고향사랑기부금을 모집할 수 있는지에 대해 유○○ 위원은 행정안전부가 고향사랑기부금 모금 주체에서 광역자치단체를 제외할 경우에는 광역자치단체를 역차별하는 문제, 광역자치단체와 기초자치단체 간 갈등이 발생할 우려가 있다고 말한 점에 대해 질의를 이어갔다. 행정안전부에서는 다음과 같이 부연설명을 하였다.

고향사랑기부제에서 기부자가 기부한 금액은 세액공제가 됩니다. 세액공제의 부담주체는 중앙과 광역자치단체로, 중앙이 91%, 광역자치단체가 9%를 부담합니다. 이 경우 고향사랑 기부 대상에서 광역자치단체를 제외한다면 광역자치단체에서는 세액공제 부담으로 재원이 감소하는데도 불구하고 왜 기부금을 못 받게 하느냐는 반발이 있을 수 있고요. 마찬가지로 광역자치단체를 인정해주다 보면 왜 광역자치단체는 인정해주고 도는 인정해주지 않느냐라는 그런 갈등이 있을 수 있습니다.

그리고 광역자치단체·기초자치단체의 중복 모금에 대해서는 각 자치단체가 완전히 다른 법인격이므로 중복 개념을 사용하지 않도록 하자는 의견이 모아졌다.

## 4) 2021-09-24 소위원회 논의(제4차 논의)

행정안전위원회에서는 법제사법위원회에서 논의된 기부자 개인 상한액 500만원 부분과 시행일을 2023년 1월 1일로 한다는 점에 동의하였다.

법제사법위원회에서는 3차에 걸친 논의에서 공무원을 동원한 모금을 금지하고, 기부자 개인 상한액을 500만원으로 하며, 시행일을 공포 후 6개월이 아닌 2022년 지방선거 이후인 2023년 1월 1일로 하는 데 합의하였다.

이번 4차 논의에서는 지방자치단체의 총 접수액 상한을 얼마로 할 것인지, 그리고 광역 및 기초자치단체의 중복 모금에 대한 의견이 교환되었다. 그러나 합의는 이루어지지 않았고, 위의 합의내용만 반영하여 본회의에 상정하였다. 「고향사랑 기부금에 관한 법률(고향사랑 기부금법)」은 2021년 9월 28일 본회의에서 의결되었다.

## 2. 고향사랑 기부금법 제정

### 가. 고향사랑기부제 도입으로 무엇이 바뀌는가?

고향사랑 기부금법은 주민이 자신의 주소지 이외의 지방자치단체에 기부하면 기부금에 대한 세액공제 혜택과 함께 지방자치단체가 지역특산품 등을 답례품으로 제공하는 제도를 규정하고 있다.

이 법률은 앞으로 1년 동안의 준비과정을 거쳐 2023년부터 본격 시행될 예정이다. 2023년 1월부터 인터넷 '고향사랑 답례품 사이트'에 접속하여 응원하고 싶은 지방자치단체를 선택하면 자동으로 기부금이 전달되고, 기부금을 수령한 지방자치단체에서는 이천 '쌀', 나주 '배', 상주 '감', 제주 '천혜향' 등을 기부자의 집으로 보내줄 것이다.

행정안전부는 고향사랑 기부금법 제정에 따른 후속 조치로 시행령을 준비하고 있다. 그리고 지방자치단체는 고향사랑 기부금법과 동법 시행령에 기초하여 기금심의위원회를 설치하고 조례를 제정할 것이다. 기금심의위원회는

[그림 II-1] 우리나라 고향사랑기부제

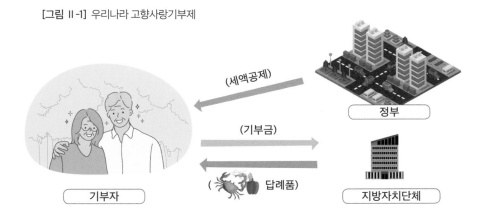

고향사랑기부금을 재원으로 하는 '기금'의 운영을 위해서 필요한 기구이며, 조례는 답례품 선정 등을 위해서 제정되어야 한다.

고향사랑 기부금법은 지역에 대한 기부문화를 확산하고, 기부금을 받은 지방자치단체는 새로운 재원을 확보하게 된다. 기부금을 받게 되는 지방자치단체가 대부분 비수도권 지역으로 예상되므로 재정이 취약한 지방자치단체에 도움을 주어 지역균형발전에 기여할 수 있다.

지방자치단체가 기부를 받는 과정과 처리하는 과정이 어떻게 국민에게 공개되느냐에 따라 지방자치단체 간 선의의 경쟁으로 주민에 대한 서비스가 개선되고, 지방행정이 한 단계 더 투명해지는 계기를 형성할 수 있을 것이다.

## 나. 고향사랑기부제의 특징

고향사랑기부제는 다음과 같은 특징이 있다.

첫째, 답례품 제도 시행으로 인한 지역경제 활성화가 기대된다.

고향사랑 기부금법은 기부자에게 기부액의 30% 이내에서 답례품을 제공할 수 있도록 하고 있다. 즉, 지방자치단체 관할구역 안에서 생산 및 제조된 물품, 관할구역 안에서 통용되는 유가증권(지역사랑상품권)과 기타 조례로 지역경제 활성화에 기여하는 것으로 정한 물품 등을 답례품으로 제공할 수 있다. 이 경우 답례품에는 현금, 귀금속류, 일반적인 유가증권 등은 지역 활성화에 기여하지 못하는 것으로 제외한다. 지역 관할구역 내에서 생산된 물품 등으로 답례품을 구성하므로 지역특산품에 대한 새로운 시장과 판로를 개척할 수 있어 지역경제 활성화에 기여할 것으로 예상된다.

둘째, 기부금 수입에 의한 지방재정 확충이다.

기부자의 기부금은 지방자치단체의 재정으로 귀속되어 자체사업에 활용할 수 있다. 국고보조사업의 확대로 인해 자치단체가 자체사업에 활용할 수 있는 재원이 감소하고 있는 상황에서 고향사랑기부금은 지방자치단체 재정 확충에도 커다란 영향을 줄 수 있다. 특히, 수도권 등으로 인구 유출이 심한 지역일수록 출향인 수가 많아서 더 많은 기부금을 확보할 수 있을 것으로 예상하고 있다. 또한 기부금으로 모인 재정은 기부자의 의사 또는 지방자치단체가 정한 사업에 활용될 수 있어서 지역발전에 큰 도움이 될 것이다.

셋째, 우리나라 고향사랑기부제는 소득세를 중심으로 한 중앙정부로부터 지방자치단체로의 수직적 재원 이전이라는 특징이 있다. 일본의 고향납세제도가 주민세를 중심으로 한 지방자치단체 간 수평적 재원 이전이라는 점에서 본질적으로 차이가 있다. 일본은 상대적으로 지방세수의 규모가 크고 주민세가 전체 지방세의 44.5%를 차지하지만 우리나라는 지방세수의 규모가 작고 지방소득세가 전체 지방세의 18%에 불과하다. 그러므로 일본과 달리 우리나라는 지방세의 이전을 통한 제도 운영이 어려워서 소득세를 중심으로 한 재원 이전에 중심을 두고 있다.

마지막으로 우리나라 고향사랑기부제는 소득과 관계없이 기부금액에 따라 구간별 차등적 세액공제제도인 반면, 일본의 고향납세제도는 소득에 따라 상한선을 설정한 점에서 차이가 있다.


## 다. 세금 공제를 받자

기부자는 자신의 주소지 이외의 자치단체에 기부할 수 있다. 지역주민에게 부담으로 작용하지 않도록 주소지 관할 자치단체에는 기부할 수 없도록 했으며 기부액도 연간 500만원까지만 가능하도록 제한하고 있다.

위에서 살펴본 바와 같이 기부자에게는 일정금액의 세액공제 혜택과 함께 답례품도 제공된다. 특히 10만원 이내 기부 시에는 전액 세액공제가 되므로 많은 기부자가 10만원 이내의 금액을 기부할 것으로 예상된다.

물론 10만원 이상 기부도 가능하다. 다만 10만원까지는 전액 돌려받지만 10만원을 넘는 금액은 16.5%를 공제받게 된다. 예를 들어, 100만원을 기부하면 24만 8,500원을 공제(10만원+초과분 14만 8,500원)받게 된다. 다만, 최대 500만원까지 기부할 수 있으며, 답례품도 100만원 상당까지만 제공이 가능하다.

## 라. 건전한 기부문화 조성을 위한 조치

고향에 대한 건전한 기부문화 조성을 위해 기부의 강요를 금지하고 모금방법도 엄격하게 제한한다. 업무·고용 등의 관계에 있는 자는 기부 또는 모금이 불가하며, 모금방법은 광고매체를 통해 정해진 범위 내에서만 가능하다. 사적방법인 호별 방문, 향우회나 동창회 활용 등을 이용한 모금은 불가하며, 강제 모집을 방지하기 위해 법인의 기부도 허용하지 않고 있다.

또한 기부금의 관리·운용 관리를 철저히 하여 부작용 발생을 최소화하고자 했다. 모금단계에서도 타인에게 모금을 강요하면 처벌을 받게 되며, 위법 행위에 대한 주민의 공익신고 조항도 포함하고 있다. 형사벌로는 기부모금을 강요한 자는 3년 이하의 징역 또는 3,000만원 이하의 벌금에 처해지며, 만일 지방자치단체가 법을 위반할 경우에는 해당 지방자치단체의 모금 및 접수를 1년 동안 제한함과 동시에 위반사실을 공표하도록 하고 있다.

# 고향사랑기부제의 작동원리: 6인의 등장인물

### 6인의 등장인물

고향사랑기부제는 '기부자, 지방자치단체, 지방자치단체 주민, 답례품 생산자, 웹사이트 운영자, 정부'라는 6인의 등장인물이 상호작용하면서 발전하는 제도이다.

아직 우리나라에서는 제도 시행 전이기에 기부자 외에 각 주체들의 역할과 활동은 일본의 사례를 들어 설명한다.

[그림 Ⅲ-1] 고향사랑기부제를 둘러싼 6인의 등장인물

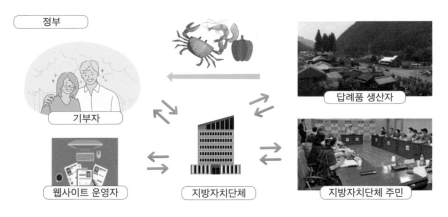

지방자치단체는 기부자에 대한 보답의 의미로 감사의 선물을 보낸다. 기부 방법은 간단하다. 기부하고자 하는 지방자치단체를 결정한 뒤, 그 지방자치단체가 제공하는 답례품과 기부금 사용처를 고르면 된다.

**지방자치단체는 고향사랑기부제에 필요한 정보를 수집하고 모금 전략을 세우는 인물이다.**

답례품과 답례품 제공 사업자의 모집요강을 만들고, 기금화된 고향사랑기부금을 어떻게 활용할지 계획을 세운다. 그리고 모금 전략으로서 기부금 사용

처와 홍보방안을 마련한다.

**지방자치단체의 주민은 고향사랑기부제에 관심을 갖고 지역의 발전을 위해 함께 노력하는 인물이다.**

자신이 살고 있는 지역에 대한 깊은 애정으로 지방자치단체에 호응할 때에 다른 지역 주민도 그 지역에 관심을 갖고 적극적으로 기부하게 된다.

**답례품 생산자는 답례품 개발과 품질 유지를 담당하는 인물이다.**

답례품은 기부자에 대한 감사의 마음을 전하는 중요한 수단인 동시에 지역을 홍보하고 지역경제를 활성화하는 역할을 한다. 답례품의 품질 유지는 기부자의 의사결정에 있어 결정적인 요소이기 때문에 생산자는 지방자치단체가 제시한 선정기준을 준수할 필요가 있다.

**웹사이트 운영자는 기부자와 지방자치단체를 연결하는 인물이다.**

기부자는 웹사이트에 접속하여 답례품을 선정하는 과정을 통해 지방자치단체에 기부한다. 지방자치단체는 웹사이트 운영자에게 지역에 대한 정보와 답례품 게재에 대한 여러 가지 사항을 전달한다.

**정부는 고향사랑기부제를 설계하고 관리하는 인물이다.**

우리나라 고향사랑기부제는 일본의 고향납세제도와 취지는 유사하나 제도 설계에 있어서 정치자금기부제를 응용한 독특한 제도이다. 고향사랑기부제는 다른 환경을 가진 지방자치단체를 대상으로 모금 경쟁을 시킨다는 점에서 필연적으로 기부금을 많이 모금한 지방자치단체와 그렇지 못한 지방자치단체로 나뉘게 된다. 또한 국민의 기부행위가 선행되어야 한다는 점에서 국민이 제도에 대한 생소함에서 벗어나 기부하기까지는 상당한 시일이 소요될 수 있다. 정부는 지역에 경제적 활력을 불러일으키고자 하는 취지가 유지될 수 있도록 지속적으로 노력해야 한다.

<표 III-1> 고향사랑기부제를 둘러싼 6인의 행동패턴

| 등장인물 | 행동패턴 |
|---|---|
| 기부자 | ☐ 두근두근 고향사랑 답례품 고르기<br>☐ 내가 선택한 고향의 발전! |
| 지방자치단체<br>공무원 | ☐ 고향사랑기부금 모집 전략<br>· 홍보방안<br>· 고향사랑기부금 활용방안<br>☐ 답례품 브랜드 전략<br>· 지역화폐 활성화방안<br>· 답례품 생산자 선정방안 |
| 지방자치단체 주민 | ☐ 고향사랑 아이디어 제안<br>☐ 지역화폐 사용처<br>☐ 인구감소지역의 인구 증대계획과 연계 |
| 답례품 생산자 | ☐ 답례품 경쟁<br>☐ 답례품 품질 보장 |
| 웹사이트 운영자 | ☐ 전국단위 지역 홍보방안 제공<br>☐ 답례품 홍보방안 경쟁<br>☐ 크라우드펀딩 신설 등 각종 아이디어 경쟁 |
| 정부 | ☐ 고향사랑기부제의 설계 및 관리<br>☐ 고향사랑기부제 시행 후 제도 조정 |

# 1. [기부자] 두근두근 답례품 고르기

## • 〈STEP 1〉 알아보기

기부하기 전에 기부금의 공제액을 확인한다. 기부액 10만원까지는 전액 공제되어 돌려받는다. 10만원을 초과하면 500만원까지는 기부액에 16.5%를 곱하여 계산한다. 만일 100만원을 기부한다면 10만원은 전액 공제되고 나머지 90만원은 16.5%를 곱하여 계산하므로(14만 8,500원 공제) 총 24만 8,500원을 공제받을 수 있다.

## • 〈STEP 2〉 선택하기

기부자는 다음의 3가지를 선택한다.

① 응원하고 싶은 지방자치단체를 결정한다.

② 지방자치단체가 제공하는 답례품을 고른다.

③ 내 기부금이 사용될 곳을 선택한다.

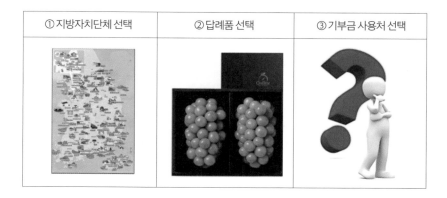

| ①지방자치단체 선택 | ②답례품 선택 | ③기부금 사용처 선택 |
|---|---|---|

## • 〈STEP 3〉 공제신청

연말정산이나 확정신고를 할 때 기부금 세액공제를 신청한다.

## 2. [지방자치단체] 고향사랑기부금 모집 전략

### 가. 홍보활동

#### 1) 인터넷 웹사이트 활용

일본에서 지방자치단체가 고향납세 홍보수단으로 가장 많이 사용한 방법은 인터넷이다. 대부분의 지방자치단체는 민간 고향납세 웹사이트가 가장 효과적이었다고 대답하였다. 인력이 부족하고 재정력도 취약한 지방자치단체라도 민간 고향납세 웹사이트에 일정한 수수료만 납부하면 서비스 이용이 가능하므로, 지방자치단체는 웹사이트를 통해서 다양한 정보를 제공하여 홍보할 수 있다.

기부자는 인터넷을 통해 원하는 답례품과 응원하고 싶은 지방자치단체 및 기부항목을 선택할 수 있다.

#### 2) 기부 후에도 기부자와 정보 소통

일본에서는 기부자와의 의사소통 수단으로 '감사의 편지' 전달이 가장 많았다. 그런데 감사의 편지만으로는 기부자와의 의사소통에 부족함이 있다고 생각한 지방자치단체는 새로운 정보전달 방법을 고민하였다. 예를 들면 답례품을 송부할 때에 맛있는 여름과일에 대한 홍보물을 첨부한다든지, 새로운 투어관광 팸플릿 또는 지역 명예응원증을 보내는 등 다양한 방법을 동원하여 기부자와의 접점을 늘리고 있다.

지방자치단체 중에는 새로운 답례품에 대한 추가적인 소개 편지나 고향납세 기부금 활용 결과에 대한 정보를 전달하는 곳도 있다.

## 나. 답례품의 개발

대부분의 지방자치단체는 답례품으로 지역특산품을 제공하고 있다. 지역특산품을 답례품으로 선정하는 이유는 지역경제를 활성화하면서, 지역의 매력을 홍보할 수 있기 때문이다.

지역 밖에서 생산된 물품을 답례품으로 조달하려는 지방자치단체도 있다. 지역 내에 답례품으로 제공할 만한 특산품이 없거나, 상품의 수확량에 제한이 있어서 불가피하게 지역 밖의 생산품을 구입할 수밖에 없는 경우에 지방자치단체들이 서로 연계하여 답례품을 제공하려는 노력을 한다. 이러한 연계방식을 통한 답례품 제공으로 각 지방자치단체는 중장기적인 관점에서 특산품을 개발할 수 있는 시간을 가질 수 있다. 그리고 다른 지역과 함께 여러 가지 아이디어도 찾아낼 수 있다.

## 다. 사용용도의 공개

고향사랑 기부금법에서는 지방자치단체가 고향사랑기부금 접수 현황과 운용 결과를 공개하도록 의무화하고 있다. 고향사랑기부금에 대한 내용 공개는 각 지방자치단체의 홈페이지와 정부의 고향사랑기부제 공식 사이트를 통해 공개될 예정이다.

기부금의 접수 현황과 운용 결과를 공개하면 기부금에 대한 투명성과 책임성이 제고될 수 있다. 또한 기부자는 자신이 응원하고 싶은 지방자치단체가 어떤 방법으로 기부금을 모으고 사용하는지 알 수 있어서 선택에 대한 만족도가 높아질 수 있다.

## 라. 5인의 등장인물과의 관계

지방자치단체는 고향사랑기부제를 적용하기 위해 5인의 등장인물과 밀접한 관계를 가져야 한다.

먼저 기부자는 기부를 하는 사람일 뿐만 아니라 지역상품을 구매하는 소비자이며 지역을 찾아줄 여행객이다. 따라서 지방자치단체는 가능한 한 모든 수단을 활용하여 국민을 대상으로 지역의 답례품뿐만 아니라 지역에서 하고 있는 사업을 알려서 그 매력을 발산해야 한다.

정부는 고향사랑기부제를 설계 및 관리하는 역할을 담당한다. 일본에서 고향납세제도가 전 국민에게 알려지기까지는 약 5년(2008~2013년)이 걸렸다. 그리고 이 과정에서 자율적으로 운용되었던 고향납세제도에 정부 지정제도라는 일정한 제한이 가해졌다. 우리나라에서도 고향사랑기부제가 국민에게 인식되기까지는 상당한 시일이 소요될 것으로 보인다. 고향사랑기부제가 정착되기까지 지방자치단체는 정부와 지속적인 협력관계를 유지할 필요가 있다.

상품과 서비스 개발에 있어서 다른 지방자치단체와의 연계가 필요할 수 있다. 지방자치단체들 중에는 특산품이 많아서 답례품을 스스로 제공할 수 있는 지역이 있는 반면에 특산품이 많지 않아 다른 지방자치단체와 연계할 필요가 있는 지방자치단체도 있다. 그러나 이러한 연계 노력은 상품과 서비스의 개발을 수월하게 할 수 있는 반면에 처리해야 할 부수업무가 늘어날 수 있는 단점도 지니고 있다.

지방자치단체의 주민은 고향사랑기부제의 수혜를 입는 직접 당사자이므로 지역주민의 역할이 중요하다. 특히, 인구감소지역은 인구감소가 세금 감소로 이어지고 지역주민을 위한 지방자치단체의 사업이 줄어드는 결과를 초래

한다. 고향사랑기부금은 경제적으로 침체된 지역에 숨통을 틔워줄 것으로 기대된다.

답례품 생산자는 고향사랑기부제를 통해 새로운 판로를 개척할 수 있다. 지방자치단체는 답례품 생산자를 선정하기 전에 답례품 선정기준을 마련하여 생산자가 상품 및 서비스의 품질을 일정하게 유지할 수 있도록 하여야 한다.

웹사이트 운영자는 고향사랑기부제의 발전을 좌우할 수 있을 정도로 중요한 존재이다. 웹사이트 운영자는 기술력뿐만 아니라 지방자치단체들이 요구하는 각종 과제에 신속하게 대응할 수 있는 능력도 갖추어야 한다. 국민은 각 지방자치단체가 제공하는 답례품 등을 웹사이트를 통해 알 수 있기 때문이다.

이 책에서는 6인의 등장인물이 어떻게 움직이는지를 '유형별 고향납세제도 전략'과 '남소국정과 도성시의 사례'를 소개하여 설명하고 있다.


## 3. [지방자치단체 주민] 이해와 호응

### 가. 인구감소 시대

바야흐로 인구감소 시대가 도래하였다. 2020년에 태어난 아이는 27만 5,800명인 반면에 사망자는 30만 7,700명으로 출생아 수가 사망자 수보다 3만여 명이 적다. 이러한 자연감소 이외에도 비수도권에서 수도권으로의 인구 이동으로 인해 일부 지방자치단체는 지역소멸까지 우려할 정도로 그 심각성이 증폭되고 있다.

지방소멸 위기에 대응하기 위해서는 각 부문의 잠재역량을 키우는 성장지향적인 전략이 필요하며 규제개혁을 통한 경제 활성화와 노동개혁을 통한 생산성 향상 그리고 교육개혁을 통한 인재 배출이 제시되고 있다. 그러나 단기간에 이러한 상황을 해소할 수 있는 묘책은 없다.

일본에서도 지방소멸 위기지역의 문제는 매우 중요한 사회문제이다. 일본 총인구는 2008년 1억 2,808만명을 정점으로 계속해서 감소하고 있다. 게다가 인구를 비롯하여 모든 경제사회적 지표가 도쿄권으로 집중하고 있다. 인구집중의 주요 원인은 우수한 대학과 대기업이 도쿄에 모여 있기 때문으로 판단된다.

일본에서는 지방의 인구감소 문제에 대응하기 위해 '지방 인구의 비전', '지방판 종합전략의 수립', '1억 총활약 사회의 실현', '소멸 위기지역의 지정' 등 다양한 방책을 동원하고 있지만 아직까지 뚜렷한 성과가 나타나지 않고 있다. 다만, 최근에는 고향납세제도의 실시, 관계인구 형성방안의 제도적 안착 그리고 코로나19로 인한 수도권 이탈현상으로 지방으로 회귀하는 인구가 늘어나고 있다. 일본의 고향납세제도는 인구감소 문제의 해결방책으로도 언급되는 그야말로 가뭄 속 단비이다.

## 나. 지방 이주현상 일으키기

코로나19로 일본 전체가 몸살을 앓고 있다. 특히 도쿄를 비롯한 대도심권에서의 강화된 사회적 거리 두기 실시로 일본의 자영업자와 소상공인은 직격탄을 맞았다.

현재 일본에서는 지방자치단체에서 제시하고 있는 정주여건과 코로나19의 영향으로 도시생활에서 벗어나 지방으로 이주하고자 하는 사람들이 늘어나고 있다. 또한 코로나19하에서 텔레워크, 웹 회의, 온라인 수업 등의 환경조성이 지방 이주현상에 영향을 미치고 있다.

한편, 지방소멸 위기지역으로 지정된 지방자치단체에서는 정주인구뿐만 아니라 관계인구를 늘리기 위한 환경정비에도 적극적이다. 정주하지는 않으나 지역과 깊은 관계를 맺고 있는 관계인구 개념이 도입되어, 이러한 관계인구를 늘려 지역을 존속시키려고 노력하고 있다. 관계인구에 대해서는 「Ⅴ. 기부의 힘! 지역소멸의 해법을 찾다」에서 설명한다.

## 4. [답례품 생산자] 상품 개발과 품질 보장

### 가. 답례품 생산자 선정기준과 모집요강

답례품의 선정에 있어서는 선정과정의 투명성과 답례품 자체의 품질 보장이 무척 중요하다. 일본에서는 답례품 선정과 관련하여 답례품 생산자 선정기준과 답례품 생산자 모집요강 모두를 마련한 곳도 있고, 답례품 생산자 선정기준과 모집요강을 하나로 합하여 답례품 선정기준을 제정한 곳도 있다.

미야자키현의 예를 요약하면, 답례품 선정의 투명성을 위해 답례품 생산자 선정기준을 마련할 때 상품과 서비스의 제공과 관련하여 관련 법령을 준수하도록 하고, 다른 생산자의 동의가 필요할 경우에는 그 생산자의 동의를 첨부하여야 하며, 상품과 서비스는 사업적으로 생산 및 유통될 수 있는 것으로 정해서 안정적인 계속 공급이 가능해야 한다는 조건을 제시하고 있다. 그리고 답례품 생산자 모집요강은 답례품이 미야자키현의 농림수산업·제조업·관광업과 연계된 것으로, 미야자키현 내의 본사·지사·사업소 또는 공장 중 어느 한 곳에서 생산되어야 한다고 정하고 있다. 다른 지방자치단체에서도 이와 유사한 답례품 선정기준 방식을 찾아볼 수 있다.

## 나. 광역자치단체 미야자키현의 기준

### 1) 미야자키현 고향납세 답례품 선정기준

#### 가) 상품의 기준

① 총무대신이 정하는 기준을 충족할 것

② 상품이 미야자키현의 매력을 전달할 수 있으며 지역 진흥에 이바지할 것

③ 공서양속에 반하지 않을 것

④ 특정 종교 등과 관련되지 않을 것

⑤ 부당경품류 및 부당표시방지법 및 기타 법령에 저촉되지 않을 것

⑥ 사업으로 생산 및 유통되는 것으로, 개인 취미로 사적으로 만든 물품이 아닐 것

⑦ 미야자키현의 고향납세 답례품으로 응모하는 경우에 다른 제품생산자와 관련이 있는 경우에는 그 생산자의 동의를 얻을 것

⑧ 품질이나 수량 면에서 안정적인 공급이 가능할 것

⑨ 식료품이나 음료수의 경우는 기부자에게 답례품이 도착한 후 일정기간 동안 유통기한이 보장될 것

⑩ 기타 현에서 특례로 인정한 것

#### 나) 서비스의 기준

① 총무대신이 정하는 기준을 충족할 것

② 미야자키현의 매력을 전달할 수 있으며 이미지 향상에 도움이 될 것

③ 코로나19 대책이 갖추어진 서비스일 것. 각 업계와 업종에서 공표하는 가이드라인을 준수해야 하며, 그러한 취지를 표시해서 이용자가 이해할 수 있도록 할 것

④ 서비스 제공에 있어서는 해당 서비스와 관련된 이용권을 발행하여 기부

자에게 송부할 것. 이용권에는 기명이나 일련번호를 부기하는 등 전매 방지 조치를 취할 것

⑤ 공서양속에 반하지 않을 것

⑥ 특정 종교 등과 관련되지 않을 것

⑦ 부당경품류 및 부당표시방지법 및 기타 법령에 저촉되지 않을 것

⑧ 사업으로 제공하는 것으로서 개인 취미로 사적으로 제공하는 서비스가 아닐 것

⑨ 서비스 제공에 있어서 응모자 이외에 다른 사업자가 있는 경우에는 해당 사업자에게 고향납세 답례품으로서 제공하는 것에 대해 사전에 동의를 얻을 것

⑩ 기타 현에서 특례로 인정한 것

## 2) 미야자키현 고향납세 답례품 제공사업자 모집요강

### 가) 목적

미야자키현은 고향납세제도로 기부받은 기부금에 대한 답례품으로 상품과 서비스를 송부함에 있어서 미야자키현의 농림수산업·제조업·관광업을 연계하는 동시에 미야자키현의 매력 전달, 특산품의 홍보와 판로 개척, 관광객 유치로 관계인구의 유입을 도모하고 있다. 이러한 목적에 협력할 수 있는 답례품 생산사업자를 모집한다.

### 나) 사업 개요

기부자는 기부금액에 따라 고향납세 포털사이트에서 희망하는 답례품을 자유롭게 선택할 수 있다. 제공하는 답례품이 고향납세 답례품으로 인정될 경우에는 고향납세 포털사이트에 소개한다.

현은 고향납세 답례품 취급업무 전반을 지정하는 위탁사업자에게 위탁한다. 답례품 제공사업자는 제품이 답례품으로 승인된 후에 위탁사업자와 답례품 공급에 관한 조정을 한다.

**다) 사업자 요건**

답례품 제공사업자는 다음 요건에 모두 적합해야 한다.

① 미야자키현 내에 본사·지사·사업소 또는 공장 중 어느 하나가 있어야 하며, 미야자키현 내에서 생산·제조·가공 또는 서비스를 제공(판매·체험 포함)하는 법인, 기타 단체나 개인사업자일 것

② 지방세 체납액이 없을 것

③ 각종 법령을 준수한 생산·제조·가공 또는 서비스를 제공할 것

④ 대표자가 법령에 저촉되는 폭력단 구성원이 아닐 것

**라) 답례품의 요건**

'미야자키현 고향납세 답례품 선정기준'을 충족하는 상품이나 서비스일 것

**마) 기부금액**

기부금액은 총무성의 기준에 따라 답례품 가격에 3분의 10을 곱한 금액을 기본으로 한다. 답례품의 가격은 소비세·지방소비세와 포장비를 포함한다. 현은 답례품 부담액과 배송비용을 부담한다.

**바) 답례품 제공사업자 등록효과**

전국적인 고향납세 포털사이트에 답례품 이미지, 상품명, 사업자명이 게재되어 상품과 사업자 광고로 이어질 수 있다.

**사) 모집기간**

답례품 제공사업자는 수시로 모집한다.

**아) 신청 및 결정방법**

사업자 참가신청서에 사업자 개요에 필요한 사항을 기입하여 담당자에게 우편이나 메일로 제출한다. 응모자의 제안을 모두 채용한다고는 할 수 없다. 현에서 심사한 후에 적당하다고 인정되는 경우 답례품 제공사업자로 결정한다. 또한 신청에 소요되는 비용 일체는 신청자가 부담한다.

**자) 유효기간은 결정일로부터 금년도의 마지막 날까지로 한다.**

**차) 답례품의 내용 변경**

답례품 제공사업자가 사업자 등록 결정 후에 기업 정보를 변경할 경우에는 신속하게 현에 보고한다. 제공하는 답례품을 변경 및 폐지하는 경우에는 신속하게 현 및 위탁사업자에게 보고한다.

## 다. 기초자치단체 유후시의 기준

## 1) 유후시 미래고향기부금 답례품 선정기준

**제1조(목적)** 본 기준은 미래고향기부금(고향납세)제도를 활용해 기부자에게 답례품으로 증정하는 물품과 서비스(이하 '답례품')의 선정기준을 정한 것이다.

**제2조(답례품)** 답례품은 다음의 요건을 모두 충족해야 한다. 다만, 2019년 6월 1일 시행된 고향납세와 관련한 지방세법 관련법령(이하 '고향납세에 관한 국정기준')의 요건을 반드시 충족해야 한다.

〈공통조건〉

(1) 유후시의 매력을 알릴 수 있을 것, 홍보 요소를 가질 것

(2) 유후시에서 생산·제조·가공 또는 서비스가 제공될 것, 원재료의 주요 부분을 유후시에서 생산할 것, 기타 2019년 총무성 고시 제179호의 요

건을 충족할 것

(3) 품질 및 수량 면에서 안정적인 공급이 이루어질 것(기간과 수량을 한정할 수 있음)

(4) 전기·전자기기, 귀금속, 골프용품 등 자산성이 높은 것이 아닐 것

(5) 택배업자에 의해 배송이 가능할 것

(6) 식품위생법·상표법·특허법·저작권법 등의 법령을 준수할 것

(7) 답례품 취급사업자가 '유후시 미래고향기부금 협력사업자 모집요강'에서 정한 요건을 갖출 것

〈개별조건〉

(1) 음식물은 ① 출하 후 5일 이상의 유통기한이 보장되어야 하며 ② 사용 원재료 등 상품정보를 공개할 수 있으며, 식품위생 관계법령의 기준을 충족하여 안심하고 먹을 수 있을 것

(2) 서비스(이용권 등)는 ① 유효기간이 원칙적으로 발행일로부터 반년 이상일 것 ② 유후시 내에서 이용할 수 있을 것 ③ 금전성이 높은 물건(선불카드·상품권·전자화폐·포인트·마일리지·통신요금 등)이 아닐 것

**제3조(답례비율과 기부금액의 구분)** 기부금액은 1만엔을 하한으로 하며 1,000엔 미만을 절상한다. 배송료는 시에서 부담하며, 기타 소비세나 포장비는 답례품 가격에 포함한다.

**제4조(기타 유의사항)**

(1) 답례품은 유후시 미래고향기부금 추진 검토위원회에서 검토하며 시장의 결재를 거쳐 결정한다.

(2) 제2조 공통사항 (2)에서 열거한 협력사업자 중 유후시에 본사를 둔 협력사업자의 제안을 우선할 수 있다.

(3) 고향납세에 관한 국정기준 규정에 따라 유후시 주민이 유후시에 기부하는 경우는 답례품을 송부할 수 없다.

(4) 미래고향기부금의 모집과 관련하여 국정기준에서 정한 경비율 산정대상인 경비에 대해 그 기준을 충족시키지 못할 우려가 있는 경우 유후시에서는 개별 배송료 등 경비가 높거나 대량 및 집중적으로 기부를 모으는 답례품에 대해서는 기부모집의 제한을 두는 등 필요한 조치를 강구할 수 있다.

**제5조(보칙)** 이 기준에서 정하는 것 이외에 답례품 선정에 관하여 필요한 사항은 별도로 정한다.


## 2) 유후시 미래고향기부금 답례품 사업자 모집요령

### [목적]

유후시는 고향납세제도를 활용하여 유후시를 고향으로 생각하거나 응원하는 분을 늘리는 동시에 특산품의 홍보와 판로 확대를 통해 지역경제 활성화에 기여하기 위해 기부자에게 답례로 증정하는 물품과 서비스를 제공하는 데 협력할 사업자를 모집한다.

### [모집하는 답례품]

유후시의 매력을 알릴 수 있는 물품과 서비스(농림수산물, 가공품, 유후시 체험서비스)를 모집한다.

(1) 모집할 답례품 금액

기부금액은 1만엔을 하한으로 하며 1,000엔 미만을 절상한다. 배송료는 시에서 부담하며, 기타 소비세나 포장비는 답례품 가격에 포함한다.

(2) 모집하는 답례품의 수

각 협력사업자의 등록답례품 수는 원칙적으로 상한이 없다. 다만, 아래의 경우는 제외한다.

① 일시에 여러 답례품의 등록신청이 있을 시 사이트 게재 등 사무처리의 지연이 발생할 우려가 있는 경우는 여러 차례로 나누어 게재 처리를 할 수 있다.

② 아래의 (가)와 (나) 모두에 해당하지 않는 경우는 유후시가 정한 답례품 기준과 기부금 사업자 모집요강 기준에 충족하고 사업자 자신이 답례품 등록사업자가 될 수 있다는 점을 설명하여 별도의 승낙서 양식으로 유후시에 신고해야 한다.

(가) 2019년 6월 1일 시행한 고향납세에 관한 지방세법 관련법령(이하 '고향납세에 관한 국정기준')에서 정한 생산 및 가공 등을 스스로 하는 사업자

(나) 자신의 매장에서 판매하는 사업

[응모자격]

(1) 협력사업자

(가) 관계법령을 준수하면서 생산·제조·판매·서비스 제공을 할 것

(나) 원칙적으로 본사(본점), 지사(지점) 및 사업소 또는 공장이 유후시에 있는 법인, 단체 또는 개인사업소일 것. 다만, 답례품 등록을 신청하는 물품이 고향납세 관련 국정기준 및 유후시 미래고향기부금 답례품 선정 기준에서 정한 유후시 내에서 생산된 것. 이 경우 유후시 내에서 제조·가공된 것, 원재료의 주요 부분이 유후시에서 생산된 것 또는 인근 시정촌과 유후시가 공동으로 답례품으로 정한 것일 경우는 예외임

(다) 신청 시에 지방세 체납이 없을 것

(라) 대표자 등이 유후시 폭력단 배제조례의 폭력단 구성원이 아닐 것

(마) 전자메일 송수신이 가능한 인터넷 환경을 갖추고 있으며, 유후시가 위탁한 지정업자와 전자메일로 소통이 가능할 것

(2) 답례품

(가) 유후시의 매력을 알릴 수 있는 것, 홍보 요소를 갖춘 것

(나) 유후시에서 생산·제조·가공 또는 서비스가 제공될 것, 원재료의 주요 부분을 유후시에서 생산할 것, 기타 2019년 총무성 고시 제179호의 요건을 충족할 것

(다) 품질 및 수량 면에서 안정적인 공급이 가능할 것(기간과 수량을 한정할 수 있음)

(라) 전기·전자기기, 귀금속, 골프용품 등 자산성이 높은 것이 아닐 것

(마) 택배업자에 의해 배송이 가능할 것

(바) 식품위생법·상표법·특허법·저작권법 등의 법령을 준수할 것

(사) 고향납세에 관한 국정기준을 충족할 것


# 5. [웹사이트 운영자] 아이디어 경쟁과 홍보

## 가. 고향납세 플랫폼

고향납세 이용자는 해마다 늘어 2020년에는 세금 공제 대상자가 552만명에 이르렀고, 기부금액은 약 6,725억엔을 달성했다. 고향납세 플랫폼도 많이 등장하여 현재 12곳 이상의 플랫폼이 지역 답례품 인기순위 공개, 이용자 포

인트 제공, 크라우드펀딩 제공, 고향납세 경쟁프로그램 개최 등 아이디어 각축을 벌이고 있다. 이들은 대개 중소 스타트업 플랫폼으로, 대기업과 달리 변화를 빠르게 수용하며 지방자치단체가 요구하는 크고 작은 과제에 신속하게 대응하고 있다.

예를 들면, 고향납세 플랫폼 중에 대표적인 고향초이스(주식회사 트러스트뱅크)에서는 지방자치단체와 답례품의 소개뿐만 아니라 자사가 개발한 거버먼트 크라우드펀딩 제공, 지방자치단체 간 경쟁프로그램 개최 등 여러 가지 사업을 실시하고 있다. 일본의 1,788개 지방자치단체 중 1,500개가 고향초이스와 답례품 홍보계약을 체결하고 수수료를 지불하고 있다.

## 나. 거버먼트 크라우드펀딩

보통 '크라우드펀딩(Crowd Funding)'이라고 하면 어떤 목적을 가지고 그 사업을 실시하기 위하여 인터넷과 같은 플랫폼을 통해 다수의 개인으로부터 자금을 모으는 행위를 말한다. 주로 자선활동, 이벤트 개최, 상품 개발을 목적으로 자금을 모집한다. 크라우드펀딩은 투자방식과 목적에 따라 지분투자·대출·보상·후원 등으로 분류가 가능하다.

'거버먼트 크라우드펀딩(Government Crowd Funding, GCF)'은 민간 고향납세 플랫폼인 고향초이스의 사업이다. 고향초이스는 크라우드펀딩의 자금 사용처 지정(목적)과 고향납세제도 중 기부자가 사용처를 지정하는 구조가 유사하다는 점을 이용하여 고향납세제도와 크라우드펀딩을 중복시켜 거버먼트 크라우드펀딩 상품을 내놓았다. 거버먼트 크라우드펀딩은 지방자치단체가 안고 있는 문제를 해결할 목적으로 고향납세 기부금의 '쓰임새'를 구체적으로 프로젝트화하고, 이 프로젝트에 공감한 기부자를 모집하고 있다.

기부자는 일반 고향납세 웹사이트처럼 '답례품을 선택한 후 프로젝트를 선택하는 방법' 또는 '프로젝트를 선택한 후 답례품을 선택하는 방법'을 이용하여 거버먼트 크라우드펀딩에 쉽게 참가할 수 있다.

### 다. 지방자치단체 경쟁프로그램 개최

고향초이스는 2014년부터 지방자치단체를 대상으로 고향납세 경쟁프로그램을 운영하고 있다. 많은 지방자치단체는 경쟁프로그램을 통해 해당 자치단체의 답례품과 사업을 광고할 수 있기 때문에 이러한 경쟁프로그램에 도전하고 있다. 2021년에는 총 148개 지방자치단체가 경쟁프로그램에 도전하였다.

고향초이스는 매년 경쟁프로그램을 개선하기 위해 노력하고 있다. 현재는 고향사랑 브랜드전략대상, 사업가 답례품 개발 경쟁대상, 고향사랑 아이디어 경쟁대상, 미래지향 고향비전대상의 4개 부문을 대상으로 하여 우수 프로그램을 선발하고 있다.


## 6. [정부] 고향사랑기부제의 설계

정부는 고향사랑기부제를 설계하고 관리한다. 우리나라는 일본의 고향납세제도를 참고하여 우리 상황에 맞게 고향사랑기부제를 설계하였다. 따라서 일본 고향납세제도의 내용과 제도 변화에 대한 연구는 우리나라 제도를 분석하는 데 참고가 된다.

다음 표에서는 고향납세제도의 변화를 보여준다. 첫 번째 변화는 보다 많은 국민이 고향납세제도를 쉽게 이용할 수 있도록 바꾼 내용이다. 두 번째 변화는 지방자치단체 간의 과열된 답례품 경쟁으로 인한 부작용을 줄이고자 한 내용이다.

2011년과 2015년의 변화가 첫 번째의 경우로 기부금 최저액을 2,000엔으로 낮추었고, 원스톱 특례제도의 신설과 함께 공제 가능금액(기부 가능금액)을 인상하였다. 2018년과 2019년의 변화가 두 번째의 경우로 답례품 과열경쟁으로 인한 부작용이 발생하자 정부는 지정제도를 만들어 기부금을 적정하게 모집하도록 하는 한편, 답례품을 지방특산품으로 제한하고 답례비율을 기부금의 30% 이하로 한정하였다.

일본은 고향납세제도를 도입한 초기에는 별도의 법률을 제정하지 않고 지방세법과 소득세법을 개정하는 방식을 채택했다. 그리고 다른 기부금처럼 기

**<표 III-2> 일본 고향납세제도의 변화**

| 연도 | 내용 |
|---|---|
| 2008 | □ 고향납세제도 도입<br>· 지방세법 제37조의2(기부금 세액공제), 소득세법 제78조(기부금공제) 규정 신설<br>· 기부금 최저액 5,000엔<br>· 공제 가능금액을 개인주민세 10%로 정함 |
| 2011 | □ 기부금 최저금액<br>· 기부최저금액을 5,000엔에서 2,000엔으로 낮추어 기부하기 쉽도록 함 |
| 2015 | □ 원스톱 특례제도의 신설<br>· 정기급여자의 확정신고서 제출을 생략해 기부하기 쉽도록 함<br>□ 공제 혜택 2배<br>· 공제 가능금액을 개인주민세 10%에서 20%로 인상함 |
| 2018~<br>2019 | □ 고향납세 지정제도<br>· 답례품 과열경쟁으로 인한 부작용 발생(최고재판소 판례)<br>· 정부에서는 고향납세 지정기준을 마련함. ① 기부금 적정모집 ② 지방특산품으로 답례품 제공 ③ 답례비율을 기부금의 30% 이하로 한정함<br>· 지방세법을 개정하여 지정기준을 신설함. 지방자치단체가 지정기준을 충족하지 못하면 지정에서 제외하여 주민세 공제를 인정받지 못하게 됨 |

부최저액을 5,000엔으로 정하였다.

그러나 좀처럼 고향납세 실적이 오르지 않자 기부최저액을 5,000엔에서 2,000엔으로 낮추었다. 2015년에는 간편 절차인 원스톱 특례제도를 도입하고, 공제받을 수 있는 금액을 지방세액의 20%까지 높였다.

고향납세 실적이 점점 높아지기 시작하자 보다 많은 기부금을 모집하기 위해 답례품 과열현상이 발생하였다. 제도 설계 초기에는 많은 국민이 이용할 수 있도록 규제를 두지 않았기 때문에 답례품과 관련된 부당한 상황에 적극 대처할 수 없었다. 일본정부(총무성)는 서둘러서 행정 '고시'를 발표하였으나 한번 발생한 과열현상을 막기에는 역부족이었다. 결국 정부는 모든 지방자치단체의 답례품과 고향사랑기부금의 처리방식을 심사하는 고향납세 지정제도를 만들기에 이르렀다.

그리고 2019년에는 지방세법을 개정하여 고향납세 지정제도를 법규화하였다. 이러한 조치에 지방자치단체는 당황하였으며, 특히 이미 생산자들과 과도한 계약을 맺은 지방자치단체는 지정제도에서 요구하는 기준을 충족시키지 못하였다. 그 결과 몇몇 지방자치단체는 고향납세 지정을 받지 못하였고, 지정에서 제외된 지방자치단체는 정부의 처분을 취소시켜달라고 (우리나라의 대법원에 해당하는) 최고재판소에 상소하였다.

최고재판소는 지방자치단체의 상소를 인정하여, 지정받을 수 있도록 하는 결정을 내렸다. 그러나 고향납세 지정제도 자체에 대해서도 긍정하는 결정을 내려 고향납세제도를 둘러싼 문제는 일단락되었다.

우리나라는 이러한 일본의 시행착오를 분석한 뒤에 우리만의 독특한 고향사랑기부제를 제정하였다. 다음의 표에서는 우리나라 고향사랑기부제와 일본 고향납세제도의 유사점과 차이점을 나타내고 있다. 법 형식에 있어서 우리

<표 III-3> 고향사랑기부제와 고향납세제도의 비교

| 항목 | 고향사랑기부제 | 고향납세제도 |
|---|---|---|
| 도입 방식 | □ 고향사랑 기부금법 제정 | □ 지방세법과 소득세법에 공제조항 신설 |
| 기부 대상 | □ 거주 지방자치단체를 기부대상에서 제외<br>□ 개인만 기부가 가능함, 법인은 강제모집과 준조세 논란을 방지하기 위해 기부할 수 없도록 함 | □ 거주 지방자치단체에 기부 가능. 다만, 답례품을 제공할 수 없음<br>□ 개인 기부만 인정되며, 법인 기부는 다른 제도로 인정함 |
| 재원 | □ 중앙에서 지방으로 재원 이전(소득세)이 중심 | □ 지방에서 지방으로 재원 이전(주민세)이 중심 |
| 부작용 방지 방안 | □ 강제모집 및 적극적인 권유 금지<br>□ 형사처벌 | □ 고향납세 지정제도 규정 |
| 기부 동기 | □ 답례품, 사용처 및 고향이나 선호하는 지방자치단체를 응원하는 마음 | □ 답례품, 사용처 및 고향이나 선호하는 지방자치단체를 응원하는 마음 |
| 정보 시스템 | □ 정부에서 구축 예정<br>· 기부 원스톱 절차 서비스 제공 | □ 민간기업에서 구축<br>· 고향납세 민간 웹사이트 12곳 이상<br>· 원스톱 절차 서비스 제공, 지방 홍보 |
| 세액공제 | □ 기부금액에 따라 세액공제<br>· 10만원 이하는 전액<br>· 10만원 초과~500만원 이하는 16.5% | □ 소득에 따라 공제금액이 변동됨(아래는 예시)<br>· (소득)3,000만원인 경우 28만원<br>· (소득)5,000만원인 경우 61만원<br>· (소득)7,000만원인 경우 108만원 |
| 답례품 | □ 기부금액의 30% 이내로 답례품 비용을 제한함<br>□ 지역화폐 사용을 인정함 | □ 기부금액의 30% 이내로 답례품 비용을 제한함<br>□ 지역화폐 사용 불가능함 |

는 일반 기부금품의 모집 및 사용에 관한 법률과는 다른 별도의 기부금법을 마련하였으나, 일본은 주민세의 일부를 다른 지방자치단체에 이전하는 방식으로 기존 세법을 개정하였다. 기부 대상에 있어서도 우리의 경우는 거주자가 살고 있는 지방자치단체를 제외한 점과 제도 시행과정에서의 부작용을 방지하기 위해 형사처벌 규정을 둔 점에서 일본과 차이가 있다.

한편, 2020년 9월 22일 고향사랑 기부금법 위원회 대안에 따르면, 고향사랑기부제의 정보시스템을 정부에서 구축하는 것으로 하고 있다. 이와 달리 일본은 민간의 웹 플랫폼 중심으로 고향납세 웹사이트가 구축되어 운영되고 있다. 일본에서 많은 사람들이 고향납세제도를 쉽게 이용할 수 있게 된 데는 민간 웹사이트의 다각적인 노력과 서비스 제공이 주요한 요인 중 하나였다. 민간 웹사이트에서는 각종 아이디어를 제안하고, 지방자치단체에 대한 정보 소개와 답례품 및 사용처에 대해서도 친절하게 소개하고 있다. 향후 우리나라의 고향사랑기부제 홍보방식으로도 이러한 민간 정보시스템 구축 사례는 참고할 만하다.

고향사랑기부제 교과서-HDP 채용루션

# 일본의 고향납세제도

# 1. 고향납세제도 도입

## 가. 지방자치단체의 시련

### 1) 지방재정 개혁과 고향납세제도

일본은 1990년대 버블경제의 붕괴로 소위 '잃어버린 20년'이라는 장기적인 경기후퇴를 겪게 되었다. 경기침체기는 국가의 재정뿐만 아니라 지방자치단체의 재정에 있어서도 자립을 강력하게 요구하였고, 2007년 국고보조금·지방교부세·재원배분의 삼위일체 개혁을 실시하였다. 삼위일체 개혁이란 지방이 할 수 있는 사무는 지방에 위임한다는 원칙하에 실시된 개혁이다. 국고보조금·지방교부세 그리고 세원 이전을 동시에 실시하여 이들 사무를 지방자치단체에 위임함으로써, 국가의 관여를 축소하는 대신 지방의 권한과 책임을 확대하였다. 세원 이전은 국세인 소득세 세원을 지방자치단체인 도도부현과 시정촌의 지방세인 개인주민세 세원으로 이전하는 방식을 선택했다. 삼위일체 개혁으로 3조엔의 세원이 지방으로 이전되는 대신에 국고보조금과 지방교부세는 삭감되었다.

세원의 이전으로 인구가 많은 수도권의 지방자치단체는 주민세 수입이 증가하여 재원이 풍부해진 반면에 인구가 적은 비수도권의 지방자치단체는 지방세 수입 증가보다 국고보조금과 지방교부세의 삭감이 커져 재원이 급감하게 되었다. 이에 따라 지방자치단체 간에 심각한 재정 격차가 발생하였고, 일부 지방자치단체는 통폐합의 위기에 놓이게 되었다.

고향납세제도는 이러한 심각한 재정 격차 상황을 돌파하기 위해 만들어진 제도이다.

## 2) 지방자치단체의 합병과 삼위일체 개혁

시정촌 간의 합병은 1993년 이후 지방분권 개혁 과정에서 시작되었다. 시정촌합병특례법에 기초하여 1995년부터 2009년까지 시정촌 합병이 실시되어 1995년에 3,234개였던 시정촌은 2010년 1,742개로 축소되었다.

지방분권 개혁의 실효성을 확보하기 위해 국고보조금의 감축, 지방교부세의 개혁, 지방으로의 세원 이전 등 삼위일체 개혁이 실시되었다. 삼위일체 개혁을 통해서 2004년부터 2006년까지 3년간 국고보조금은 약 4.7조엔, 지방교부세는 약 5.1조엔이 줄어들었고, 소득세(국세)가 개인주민세(지방세)로 세원 이전돼 3조엔이 증가하여 지방재정은 총 6.8조엔이 순감소하였다.

시정촌 합병과 삼위일체 개혁이 함께 시행됨에 따라 비수도권의 지방자치단체에서는 '지역 간 격차가 확대되었다'는 우려의 목소리를 강하게 제기하였다. 그리고 삼위일체 개혁과정에서 지방분권 개혁과 재정 재건의 2가지 목표가 동시에 진행되어 서로 얽히게 됨에 따라 문제가 복잡해졌다고 지적하였다.

## 3) 삼위일체 개혁의 결과

기초자치단체에 해당하는 시정촌(市町村)에 있어서 시(市)의 재정은 지역 간 격차가 축소된 반면에 정촌(町村)의 재정은 지역 간 격차가 확대되었고, 광역자치단체에 해당하는 도도부현(都道府県)의 재정도 지역 간 격차가 확대되었다.

이유를 설명하자면, 시의 수는 1999년 670개에서 2010년 786개로 증가하였다. 시 전체의 평균 인구는 다소 감소하였으나 인구당 세수는 증가하여 상대적으로 규모가 큰 시의 지방세수는 늘어났고 소규모의 시도 합병특례조치가 적용되어 지방교부세가 증가하였다.

반면에 정촌의 경우는 그 수가 1999년 2,562개에서 2010년 941개로 감소하였으나 평균 인구는 증가하였다. 그 결과 지방세 비중은 확대되었지만 지방교부세 비중이 낮아져서 지역 재정이 삭감되었다.

규모가 작은 광역자치단체는 지방교부세와 국고지출금의 비중 저하가 지방세 비중 확대보다 커서 재원이 줄어들었고, 규모가 큰 광역자치단체는 지방교부세와 국고지출금의 비중은 낮아졌어도 그 이상으로 지방세 비중이 커서 재원이 늘어나 광역자치단체 간의 격차가 심화되었다.

## 나. 일본의 지방세제

일본의 지방세제는 광역자치단체인 도도부현에 도부현 민세, 사업세, 지방소비세가 있고, 기초자치단체인 시정촌에 시정촌 민세, 고정자산세가 있다. 주된 세목은 주민세인 도부현 민세와 시정촌 민세 그리고 사업세이다.

주민세 계산방식을 간단하게 설명하면 다음과 같다. 주민세에는 균등할과 소득할이 있다. 균등할은 정액으로 과하고, 소득할은 소득금액의 1할을 과한다. 주민세 소득할의 경우 전년도 소득금액을 과세표준으로 하여 공제액을 공제한 뒤에 세율(도부현 4%, 시정촌 6%)을 곱해서 세액을 산출한 후 세액공제하면 주민세 소득할을 산출할 수 있다.

한편, 일본에서는 1990년까지 지방세의 '수익과 부담 대응의 원칙'상 기부금 공제를 인정하지 않았다. 그러나 상황이 변하여 1990년 도도부현 공동모금회 기부금 인정, 1992년 일본적십자사 지부에 대한 기부금 인정 그리고 1994년 지방자치단체에 대한 기부금 제도가 신설되었다. 그러나 고향납세제도가 등장하기 전까지는 기부금액의 최저한도액을 5,000엔으로 제한하는 등 기부금 공제에 대해 소극적인 입장이었다.

## 다. 고향납세제도의 구상

2006년 10월 후쿠이현(福井県) 니시카와 잇세이(西川一誠) 지사의 제안으로 고향납세 구상이 주목을 받기 시작하였다. 니시카와 지사는 지방에서 태어나고 도시에서 일한 뒤 퇴직하여 지방으로 돌아오는 패턴에 대해서 말한 후, 지방에서는 태어난 아이들을 키우기 위해 다방면으로 행정비용을 사용하는데, 이 비용이 전혀 회수되지 않고 있다고 했다. 이러한 행정비용을 회수하는 방법으로 고향납세제도를 제안하였다.

고향납세의 구상은 인구가 많은 수도권의 지방자치단체는 개인주민세 수입이 풍부하지만, 인구가 줄어들고 있는 비수도권의 지방자치단체는 개인주민세 수입이 전반적으로 줄어들고 있어서 도시와 지방 간의 재정격차가 커지고 있는 문제 제기에서 출발하였다. 이를 해소하는 방안으로 수도권의 성인들이 고향인 지방자치단체에 기부할 경우, 그 기부금의 상당액을 소득세와 주민세에서 공제하는 방식이 제안되었다.

수도권에서는 세수 감소를 예상하여 이러한 제안에 반발하였다. 또한 '고향'에 대한 명확한 기준이 없어서 만일 이 제도가 도입된다면 지방자치단체 간에 기부금 쟁탈전이 벌어질 것이라고 우려하였다. 이 밖에도 지방세는 행정서비스를 받는 주민이 세금을 부담하는 '수익자 부담의 원칙'이 적용되므로 고향납세를 선택한 주민은 동일한 거주지에 사는 다른 주민에 비해 자신의 거주지에 적은 주민세를 납부하면서도 동일한 행정서비스를 받게 되는 문제점이 있고, 그로 인해 지방자치단체의 행정서비스도 저하할 것이라고 우려하였다.

그러나 니시카와 지사의 제안은 지역 격차가 심해져가는 일본 내에서 지지를 받았고, 마침내 2007년 6월 일본정부 내에 고향납세연구회가 만들어져 본격적인 논의를 하였으며 그 결과를 동년 10월에 발표하였다(고향납세연구회 보고서).

# 2. 고향납세제도의 주요 내용

## 가. 고향납세제도의 의의

고향납세제도는 고향납세라는 명칭과 달리 납세자가 기부금을 낼 지역을 자유롭게 선정하여 기부하는 것으로, 그 기부금액(고향납세액)에 대해서는 2,000엔(행정수수료에 해당)을 제외하고 본인이 낸 주민세와 소득세에서 공제받을 수 있는 제도이다. 또한 지방자치단체가 추진 중인 특정 사업을 지원하거나 재난으로 피해를 본 지역을 후원하는 등 기부자가 세금의 용도를 선택할 수 있는 선택적 납세제도이다.

고향납세의 공제 구조를 좀 더 자세히 살펴보면 다음과 같다.

먼저 고향납세(기부금)는 소득세와 주민세 공제로 나누어지는데, 2,000엔을 제외하고 고향납세 전액을 ① 소득세 공제 ② 주민세 공제(기본 공제) ③ 주민세 공제(특례 공제)에서 공제받는다. 공제 상한액은 주민세소득할(住民稅所得割)의 20%까지이다.

<표 IV-1> 고향납세제도 공제 구조

| 구성 | 공제액 | 공제 여부 |
|---|---|---|
| 최저한도액 | 2,000엔 | 공제 외 |
| ① 소득세 공제액 | (기부금-2,000엔)×소득세율 | 소득공제 |
| ② 주민세 공제액(기본) | (기부금-2,000엔)×주민세율(10%) | 세액공제 |
| ③ 주민세 공제액(특례) | (기부금-2,000엔)×(100%-10%-소득세율)<br>※ 특례 상한은 주민세소득할의 20% | 세액공제 |

① 소득세의 경우 기부금 계산방식은 (기부금액-2,000엔)×소득세율 (5~45%)로 소득세율의 내역은 다음과 같다.

<표 IV-2> 일본의 소득세율과 공제액

| 과세소득금액 | 세율 | 공제액 |
|---|---|---|
| 195만엔 이하 | 5% | 0엔 |
| 195만엔 초과~330만엔 이하 | 10% | 97,500엔 |
| 330만엔 초과~695만엔 이하 | 20% | 427,500엔 |
| 695만엔 초과~900만엔 이하 | 23% | 636,000엔 |
| 900만엔 초과~1,800만엔 이하 | 33% | 1,535,000엔 |
| 1,800만엔 초과~4,000만엔 이하 | 40% | 2,796,000엔 |
| 4,000만엔 초과 | 45% | 4,796,000엔 |

② 주민세 기본 부분의 계산방식은 (기부금액-2,000엔)×10%이다.

③ 주민세 특례 부분의 계산방식은 (기부금액-2,000엔)×(100%-10%-소득
세율)로 특례 부분의 상한은 주민세소득할의 20%까지이다. 따라서 주
민세소득할의 20%를 적용하여 계산하면 기부자가 최대로 공제받을 수
있는 상한은 다음과 같다.

- 주민세소득할의 20%=(기부금액-2,000엔)X(100%-10%-소득세율)
- 기부금액=[주민세소득할 20%÷(100%-10%-소득세율)]+2,000엔

소득금액이 700만엔인 경우라면 기부금액은 [(700만엔×10%×20%)÷
(100%-10%-23%)]+2,000엔으로 공제 상한액은 21만엔 정도이다. 이 중 ① 소
득세 공제액은 2만 1,000엔이 되며 ②③ 주민세 공제액은 19만엔이다. 만약
기부자가 21만엔 이상을 기부하면 21만엔을 초과하는 금액에 대해서는 특례
공제가 적용되지 않고, 초과 금액에 대해서는 ① 소득공제 ② 기본 세액공제
를 받을 수 있다.

## 나. 고향납세제도의 절차

도쿄도 A시에 거주하는 사람이 지방자치단체 B시에 고향납세로 기부하는 상황을 가정하여 그 절차를 살펴보면 다음과 같다.

[그림 IV-1] 고향납세 절차

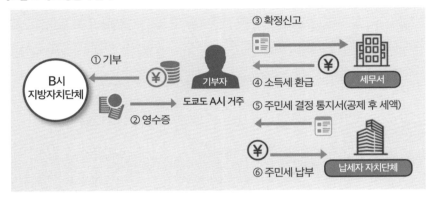

○ 기부와 영수증 발급

기부할 지방자치단체 및 사용용도를 결정하여 B시에 기부신청한 후 기부금을 입금하면 B시는 영수증을 발급한다(①~②).

○ 세무서 확정신고 및 소득세 환급

영수증을 첨부하여 세무서에 확정신고를 하면 기부한 해(年)의 소득세에서 세액공제하여 소득세를 환급한다(③~④).

○ 공제 후 주민세 납부

확정신고 후 기부한 다음 해에 거주지역에서 주민세 결정통지서가 발행되면 주민세를 납부한다(⑤~⑥). 주민세(도도부현세와 시구정촌세를 합한 것)의 세액공제율은 10%이다(도도부현세 4%, 시구정촌세 6%). 공제액은 소득금액 및 기부금액에 따라 달라진다.

## 다. 고향납세제도의 실적

2008년부터 2020년까지의 고향납세 실적은 다음과 같다. 2008년에는 세계적인 금융위기(리먼 쇼크)가 있었고, 2011년에는 동일본 대지진이 발생하여 고향납세 실적이 주춤했다. 2013년부터 시작된 경기회복과 2015년 원스톱 특례제도의 신설, 세액공제율 인상 그리고 지방자치단체의 끊임없는 노력으로 가파른 상승세를 보이고 있다.

[그림 IV-2] 2008~2020년 고향납세 금액 및 건수

<표 IV-3> 2008~2020년 고향납세 실적

|  | 2008 | 2009 | 2010 | 2011 | 2012 |
|---|---|---|---|---|---|
| 금액(억엔) | 81.4 | 77 | 102.2 | 121.6 | 104.1 |
| 건수(만건) | 5.4 | 5.6 | 8 | 10.1 | 12.2 |
| 금액/건수 | 151,646 | 136,636 | 127,830 | 121,127 | 85,085 |

|  | 2013 | 2014 | 2015 | 2016 | 2017 |
|---|---|---|---|---|---|
| 금액(억엔) | 145.6 | 388.5 | 1,652.9 | 2,844.1 | 3,653.2 |
| 건수(만건) | 42.7 | 191.3 | 726 | 1,271.1 | 1,730.2 |
| 금액/건수 | 34,099 | 20,310 | 22,767 | 22,375 | 21,114 |

|  | 2018 | | 2019 | | 2020 |
|---|---|---|---|---|---|
| 금액(억엔) | 5,127.1 | | 4,875.4 | | 6,724.9 |
| 건수(만건) | 2,322.4 | | 2,333.6 | | 3,488.8 |
| 금액/건수 | 22,076 | | 20,892 | | 19,275 |

출처) 총무성, 2021.

위의 표에서 특히 눈에 띄는 사항은 제도 시행 초기에는 한건당 금액(금액/건수)이 2008년 약 15만엔, 2009년 약 13만엔, 2011년 약 12만엔으로 매우 높았으나, 2013년부터는 한건당 금액(금액/건수)이 2013년 약 3만엔, 2014년 약 2만엔으로 점차 낮아지고 있다는 점이다.

이러한 점에서 볼 때 고향납세제도 시행 초기에는 가시적인 실적을 보이기 위한 비자발적인 성격의 모금이 많았을 것으로 추정되나, 고향납세제도에 대한 홍보와 지방자치단체의 답례품 개발 등 끊임없는 노력으로 이제는 보편적인 제도로 정착하고 있는 것으로 평가된다.

## 라. 답례품의 유형

고향납세 기부금을 받은 지방자치단체는 법률에서 정하고 있지는 않지만 기부에 대한 보답으로 기부자에게 지역특산품 등을 답례품으로 전달하고 있다.

대부분의 지방자치단체는 고향납세 기부 실적을 높이기 위해 다양한 종류의 특산품이나 문화상품 등을 제공하고 있다. 답례품의 유형으로는 ① 지역자원을 활용한 특산품 제공형 ② 관광객과 정주인구의 증가를 도모하는 숙박형 ③ 재난민이나 빈곤층을 돕기 위한 공익성 기부형 등 세 가지가 있다.

지역자원을 활용한 특산품 제공형이란 그 지방만의 고유한 특산품을 제공하는 것이다. 관광객과 정주인구의 증가를 도모하는 숙박형이란 특산품 같은 일회성 답례품이 아니라 연속성을 갖는 상품을 제공하기 위해 고안한 것으로, 숙박상품이나 홋카이도의 히가시카와쵸처럼 (고향)주식을 교부하여 지방자치단체를 방문하도록 유도하고 있다. 재난민이나 빈곤층을 돕기 위한 공익성 기부형이란 공익성 기부를 강조하는 방식이다. 예를 들면 지진발생 지역에서 공익성 기부형으로 특산품을 제공하지 않고 기부를 받는 경우가 있다. 또한 도쿄도 분쿄구에서도 생활보호자 자녀돌보기 물품제공 프로젝트를 만들어 고향납세 기부를 받고 있다. 분쿄구는 공익성 기부에 대해 특산품을 제공하는 행위가 오히려 프로젝트의 취지를 방해할 수 있다는 판단하에 초기에는 특산품을 제공하지 않고 기부만을 받았다.

## 마. 답례품 과열경쟁 발생

답례품 제공은 지방경제 활성화 측면과 지방에 대한 애착심을 고양할 수 있는 장점이 있지만 지방자치단체 간에 기부금을 받기 위한 답례품 과열경쟁을 일으켰다.

2017년 총무성에서는 답례품 제공과 관련한 지방자치단체 간 과열경쟁의 부작용을 시정하기 위해 답례품 송부에 관한 지침을 시달하였다(総務省 総税市 第28号 2017).

지침의 주요 내용은 다음과 같다. 지방자치단체가 고향납세와 관련한 모집을 할 경우 답례품 가격 표시에 있어서 주의할 점과 답례품으로서 타당하지 않은 품목을 제시하였다.

답례품의 가격 표시는 '기부금에 대한 ~%'처럼 비율로 표시하여 기부금에 비례해서 답례품을 제공한다는 오해를 받지 않도록 답례품 가격을 주의해서 표시하도록 했다.

그리고 고향납세제도의 취지에 반하는 것으로 ① 현금성이 강한 프리페이드카드·상품권·전자화폐·포인트 등 ② 자산성이 높은 전기·전자기기, 가구, 귀금속, 보석품, 시계, 카메라, 골프용품, 악기, 자전거 등 ③ 가격이 비싼 것 ④ 기부액에 비해 조달가격이 높은 답례품 제공을 금지하고 있다.

또한 기부액에 비해 답례품의 답례비율이 사회통념상 기부액의 30%를 초과하지 않도록 시달하고 있다.

그러나 답례품과 관련된 부작용이 계속해서 커지자 정부는 2019년 ① 적정한 기부금 모집 ② 지방특산품만을 답례품으로 제공 ③ 답례비율을 기부액의 30% 이하로 정한 곳을 고향납세 대상 지방자치단체로 지정하는 '고향납세 지정제도'를 마련하였다.


# 3. 시행착오를 겪다(지정제도와 최고재판소 판결)

## 가. 고향납세 지정제도

지방자치단체 사이에서 기부금 모집을 위한 '답례품 경쟁'이 과열되었다. 고향납세제도를 제정할 당시에는 제도 활성화를 위해 답례품에 관한 규제를 두지 않았다. 그러나 답례품 과열경쟁은 여러 가지 부작용을 발생시키게 되었고, 총무대신은 이를 방지하기 위해 수차례에 걸쳐 경쟁을 자제시키기 위한 고시를 발표하였다. 그리고 2018년 4월에는 답례품을 답례비율의 30% 이하로 하고 지역생산품에 한정하는 규제안을 발표하였다. 그러나 일부 지방자치단체는 강제성이 없는 정부의 고시를 따르지 않았다.

정부는 2019년 3월 지방세법 제37조의2 제2항을 신설하여 고향납세 지정제도(이하 '지정제도')를 도입하기에 이르렀다. 지방세법 제37조의2 제2항은 광역자치단체에 해당하는 도부현에 적용되는 지정제도이다. 지방세법 제314조의7 제2항은 기초자치단체에 해당하는 시정촌의 지정제도를 규정하고 있다. 두 규정이 같은 내용이므로 이하에서는 제314조의7의 설명을 생략한다. 개정 법률은 2019년 6월 1일부터 시행되었다.

지정제도란 지방자치단체가 답례품을 제공할 경우 총무대신이 정하는 모집 적정기준(법 제37조의2 제2항 본문)과 법정답례품기준(법 제37조의2 제2항 제1호, 제2호)을 충족하도록 하는 제도이다.

모집적정기준에 대해 총무대신은 부정한 방법을 사용하지 않으면서 원칙적으로 기부금 모집비용을 기부금 합계액의 100분의 50 이하로 정하고 있다 (총무성 고시 179호 제2조 기부금 모집의 적정한 실시기준). 부정한 모집방법으로는 ①특정한 자에 대한 사례금이나 그 밖의 경제적 이익을 제공하기로 약정하는 등의 부당한 방법으로 모집한 경우 ② 답례품에 관심을 갖는 기부자를 유인하기 위한 선전광고를 사용한 경우 ③ 기부자의 적절한 기부처 선택을 방해하는 정보 제공을 하는 경우 ④ 지방자치단체 구역 내에 주소를 둔 자에 대한 답례품 제공의 경우 등을 열거하고 있다.

법정답례품기준에 대해 총무대신은 답례품의 조달비용 산정방식을 규정하면서 구체적인 사례를 제시하고 있다(총무성 고시 179호 제4조, 제5조). 답례품 조달비용은 지출 명목과 관계없이 지방자치단체가 실제로 지출한 금액으로 답례품의 수량 또는 내용에 영향을 미치는 경우를 말한다. 그리고 지역생산품으로는 ① 지방자치단체의 지역 내에서 생산된 것 ② 원재료의 주요 부분을 지역에서 생산한 것 ③ 답례품 생산공정의 주요 부분을 지역에서 실시한 것 ④ 지방자치단체의 독자적인 답례품임이 명백한 것 ⑤ 예외적으로 답례품의 유통구조상 이웃 지방자치단체와의 상품 결합이 불가피한 것 등을 열거하고 있다.

## 나. 최고재판소 판결

### 1) 사실관계

지정제도하에서 총무대신은 2019년 6월 1일부터 모집적정기준을 정한 고시(이하 '고시')를 발표하였다. 특히, 고시 제2조 제3호는 '개정 규정의 시행 전인 2018년 11월 1일부터 신고서를 제출하는 날까지'의 기간에 고시의 취지에 반하는 방법으로 기부금을 받지 못하도록 규정하고 있다.

> **총무성 고시 제2조(기부금 모집의 적정한 실시기준)**
> 3. 2018년 11월 1일부터 법 제37조의2 제3항에서 규정하는 신청서를 제출하는 날까지 전조에서 규정한 취지에 반하는 방법으로 다른 지방자치단체에 상당한 영향을 미칠 수 있는 제1호 기부금 모집을 하거나 다른 지방자치단체와 비교하여 현저하게 많은 기부금을 수령한 지방자치단체가 아닐 것

이즈미사노시는 위의 고시에 따르지 않고 지정제도 도입 직전에 대대적인 캠페인까지 실시하였다. 그 후 이즈미사노시는 지정 신고를 하였지만 총무대신은 지정을 거부하였다. 이에 대해 이즈미사노시 시장 X는 행정심판(국가와 지방자치단체 간 분쟁처리위원회)을 제기하였다.

### 2) 행정심판과 고등법원

**행정심판은 총무대신에게 지정 재검토 권고**

이즈미사노시가 답례품과 관련한 소정의 절차를 이행할 것으로 예정되는 한, 신청서 및 첨부서류의 허위 내지는 미비로 지정을 거부할 수 없다고 판단하였다(지정 거부 이유 ①). 고시 3호 기준은 과거의 기부금 모집 행태를 일률적인 지정 거부 요건으로 하는 한, 법률 위임의 범위를 벗어날 우려

<표 IV-4> 고향납세 지정제도를 둘러싼 분쟁 경과

| 연도 | 분쟁 내용 | 비고 |
|---|---|---|
| 2017년 4월<br>총무성 통지 | 기부금액의 30% 이하로 답례비율 제한 | 정부 통지는 강제력<br>없음 |
| 2018년 4월<br>총무성 통지 | 답례품을 지방특산품으로 제한 | |
| 2018년 7월<br>총무성 통지 | 12개 지방자치단체에 고향납세 지정기준 미달에<br>대해 경고 | |
| 2018년 11월<br>총무성 공표 | 12개 지방자치단체의 기준 미달 공표 | |
| 2019년 3월<br>개정법안 | 지방세법 개정법안 국회 통과 | |
| 2019년 4월<br>총무성 고시 | 총무성 고시 제179호 제정(2019년 6월 시행) –<br>2018년 11월부터 규정을 위반한 지방자치단체를<br>지정에서 제외함 | |
| 2019년 5월 | 이즈미사노시를 새로운 지정제도에서 제외함 | |
| 2019년 6월<br>지방세법 시행 | 개정 지방세법 시행 | 법적 강제력 갖춤 |
| 2019년 11월<br>고등법원 | 오사카 고등법원에 취소소송 제기 | 취소소송 기각 |
| 2020년 6월<br>최고재판소 | 최고재판소에서 이즈미사노시가 승소<br>- 개정 지방세법 실시 이전의 사실로 지방자치단<br>체를 새로운 제도에서 제외함은 위법무효함 | 원심 파기 |

가 있다고 판단하였다(지정 거부 이유 ②). 그리고 지방자치법상 국가 관여
규칙에 위배되지 않도록 이즈미사노시의 지정신청에 대해 법정답례품기
준과의 적합성을 다시 검토해야 한다고 판단하였다(지정 거부 이유 ③).

## 고등법원은 총무대신의 지정 거부처분 인정

총무대신 Y는 국가와 지방자치단체 간 분쟁처리위원회의 권고에 따라
지정 거부처분을 재검토하였고, 이즈미사노시에 지정 거부처분을 재차 통

보하였다.

이즈미사노시 시장 X는 오사카고등법원에 국가의 관여에 관한 소송을 제기하였다. 오사카고등법원에서는 ① 모집적정기준은 백지위임이 아니며 ② 고시 제3호는 위임의 범위를 일탈하지 않았고 ③ 고시는 지방자치법상 국가 관여규칙을 위반하지 않는다고 판단하여 X의 청구를 인정하지 않았고, 총무대신 Y의 지정 거부처분을 타당하다고 판단하였다.

X는 원심인 고등법원의 기각판결에 대해 최고재판소에 상고하였다.

### 3) 최고재판소

#### 신청서 서류에 의한 지정 거부처분 판단

최고재판소는 지정신청서 서류의 내용이 허위 내지는 미비하다는 지정 거부 이유 ①에 대하여 총무대신이 '독립한 이유로 취급하지 않는다'고 인정하였으므로 본건 지정 거부 이유로는 적법하지 않다고 판단하였다.

#### 고시 제2조 제3호의 위임 범위 일탈 판단

본 사안의 최대 쟁점인 고시 제2조 제3호 기준에 관한 지정 거부 이유 ②에 대해서 최고재판소는 본건 고시 규정이 지방세법 제37조의2 제2항의 위임 범위를 일탈하는 경우에는 그 일탈하는 부분은 위법한 것으로 효력을 갖지 않는다고 판단했다.

고시 제2조 제3호 기준은 본건 지정제도의 도입 전에 고향납세제도의 취지에 반하는 방법으로 기부금을 모집한 지방자치단체에 대해서는 지정 대상 기간에 기부금 모집을 적정하게 실시할 것으로 예상하는지와 무관하게 총무대신은 기부금의 기부처로서의 적격성을 결여했다고 해석하였다.

모집적정기준에 대해서 다른 지방자치단체와의 공평성을 확보할 수 있다는 관점에서 본건 개정규정의 시행 전 모집실적을 가지고 지정 적격성을 결여한다고 판단한 것은 부적절하다. 그리고 본건 지정제도의 도입 전에 고향납세제도의 취지에 반하는 방법으로 현저하게 많은 기부금을 수령하였던 지방자치단체에 대하여 다른 지방자치단체와의 공평성을 확보할 수 있다는 관점에서 특례공제의 대상 여부 기준을 마련할지 여부는 입법자가 정치적·정책적인 관점에서 판단해야 할 성질의 사항이다. 상기 지방자치단체에 대하여 새롭게 정해진 기준에 따라 기부금을 모집할지 여부에 관계없이 일률적으로 지정을 받을 수 없도록 하는 것은 지정을 받고자 하는 지방자치단체의 지위에 계속적으로 중대한 불이익을 발생시킬 수 있다. 그러한 기준을 총무대신의 재량에 맡기는 것은 적당하다고 말하기 어렵다.

**지방자치법상 국가 관여규칙 위배 여부 판단**

법정답례품기준에 관한 지정 거부 이유 ③에 대해서 최고재판소는 지정 거부의 이유가 되지 않는다고 판시하였다.

최고재판소는 지방자치단체가 지정신청에 답례품의 제공 여부를 진술했는지 여부와 상관없이 지정의 효과는 동일하다고 판단하였다. 답례품을 제공하지 않겠다는 취지로 신청하고 지정을 받은 지방자치단체가 실제로 답례품을 제공하고 기부금을 수령했다고 하여도 관련 기부금이 특례공제 대상임에는 변함이 없다. 이즈미사노시의 경우 개정규정의 시행 후에 법정답례품기준에 적합하지 않는 답례품을 제공할 예정이 있다는 구체적인 사정이 없다. 그러므로 총무대신은 본건 지정 신청에 관하여 이즈미사노시가 '법정답례품기준에 적합하다고 인정되지 않는다'는 판단이 불가능하다.

**판례 해설**

　일본 최고재판소는 고향납세 지정제도 자체를 부정하지 않았고, 단지 지방자치법상 위임 규정의 위반 여부만을 판단함으로써 고향납세 지정제도를 둘러싼 정부 고시와 개정법률 사이의 법적 해석 문제를 해결하였다.

　특히, 이즈미사노시의 고향납세 지정 거부에 대한 정부의 판단은 2018년 11월 정부가 고시에 의해 이즈미사노시를 포함한 12개 지방자치단체에 대한 기준 미달 판단과 관련된 것으로, 최고재판소는 정부가 2019년 법률 개정과 새로운 고시로서 이들 단체에 강제력을 미치려는 시도에 대해 제동을 걸었다. 이러한 정부의 조치는 지방자치법의 위임 범위를 일탈한 것으로, 기부금 모집행태에 대한 평가는 고향납세 지정제도가 실시되기 전과 후로 달라져야 한다고 판시하고 있다. 다시 말하자면 동 지정제도의 시행 전에 이즈미사노시가 행사했던 답례품 행태를 가지고 동법의 시행 후에 같은 방식으로 답례품을 계속해서 제공할 것이라고 추정할 수 없으며, 시행 후의 객관적인 정황을 판단하여 지정제도의 법정답례품기준에 근거하여 답례품을 제공하고 있는지를 평가하여야 한다고 판시하였다.

　본 판결이 확정된 후 2020년 이즈미사노시는 고향납세제도 적격 지방자치단체로 지정되었다. 그리고 무효판정을 받은 총무성 고시 179호 제2조 제3호는 삭제되었다.

# V

# 기부의 힘! 지역소멸의
# 해법을 찾다

# 1. 일본의 소멸위기지역

## 가. 지방인구의 감소

일본에서 인구감소로 인한 지역소멸 위기는 매우 중대한 문제이다. 특히 인구가 급격히 감소하여 사실상 지역공동체 기반이 무너진 결과로 인해 지역사회로서 존치될 수 없는 지역을 '과소지역(過疎地域)'이라 부르고 있다. 일본은 과소지역으로 추락할 위기에 처한 지방자치단체에서 더 이상 인구 유출이 발생하지 않도록 국가적 차원의 다양한 지원을 하고 있다.

일본에서 지방인구의 감소는 1950년부터 시작되었다. 급격한 경제 재건으로 지방에서 도심지로 인구이동이 발생하였고, 아래 그림에서 볼 수 있듯이 1960년 도심권인 도쿄권, 오사카권 및 나고야권으로의 인구 유입은 최고치를

[그림 V-1] 일본의 연도별 인구이동 추이

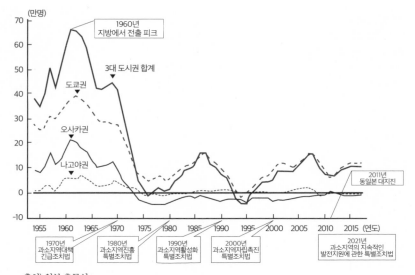

출처) 일본 총무성
주) 그림은 일본 3대 도시권인 도쿄권·오사카권·나고야권의 연도별 인구 유입을 나타냄

나타낸다. 인구이동 현상은 한동안 계속되었다가 1975년에 이르러 일단락된다. 1990년대에는 버블경제의 붕괴로 경기 하락 상태에 빠지자 인구 변동이 거의 없었고 2000년대에는 은퇴 후 출신지로 돌아가는 고향 회귀현상까지 발생하였다.

그러나 귀농현상만으로는 2005년부터 시작된 저출산·고령화로 인한 일본 전체 인구의 감소현상을 막을 수 없었다. 특히, 노령인구가 많은 농어촌 지역은 고령화 및 초고령화 사회에 조기에 진입함으로써 농어촌 지역은 물론이고 지방 중소도시도 과소지역의 위기에 직면하게 되었다.

지방의 과소지역 문제는 초기에는 인구감소에서 시작하였으나 점차 재정적인 문제가 되었고, 저출산·고령화 문제가 더해지며 감정적인 상실감까지 일으켜 거주자들은 계속해서 지방을 등지게 되었다.

일본의 1,718개 지방자치단체 가운데 820개가 과소지역인 소멸위기지역으로 지정되어 있다(2021년 4월 1일 기준).

[그림 V-2] 일본의 과소지역 지도

전부과소지역
간주 또는 일부과소지역

출처) 일본 총무성, 과소지역 시정촌 지도
주) 전부과소지역은 과소지역 판정요건(제2조)을 전부 충족한 지역이며, 간주 또는 일부과소지역은 합병 지방자치단체에 대해 판정요건을 완화 또는 일부 인정한 지역임

## 나. 소멸위기지역 대응법률

일본은 1970년부터 소멸위기지역 대응법률을 마련하여 지방자치단체를 지원하고 있다. 제1차 과소지역대책긴급조치법률은 1970~1979년에 시행되었다. 동법의 목적은 과도한 인구감소의 방지, 주민복지의 향상, 지역사회의 기반 강화, 지역격차의 시정이다. 1980~1989년 시행된 제2차 과소지역진흥특별조치법의 목적은 과소지역의 진흥, 주민복지의 향상, 고용의 증대, 지역격차의 시정이다. 제3차는 1990~1999년에 시행되었고, 제4차는 2000~2020년에 시행되었다. 그리고 2021년에 제정된 제5차 과소지역의 지속적인 발전지원에 관한 특별조치법은 2021년부터 2030년까지 시행된다. 제5차 특별조치법은 제1차에서 제4차까지의 법률과 달리 전문을 두고 있으며 지역의 지속적인 발전을 강조하는 등 몇 가지 특이점을 갖는다.

제5차 특별조치법에서는 먼저 소멸위기지역에 대해 그동안 제시되어왔던 식량공급지로서의 기능, 환경보전지로서의 기능뿐만 아니라 최근 수도권 인구 과집중으로 인한 감염증 증대 위험 완화지역으로서의 역할을 강조하고 있다. 그리고 인구요건의 기준연도를 기존의 1960년에서 1975년으로 변경, 관계인구라는 새로운 개념을 인정하여 소멸위기지역의 관계인구 증가, 소멸위기지역에서 일반지역으로 변경된 지역에 대해 일정한 인센티브의 부여, 기존에 과소지역이었던 지역이 법률의 개정으로 지정 폐지됨으로써 예상되는 재정적 지원 삭감을 최소화하기 위한 완화규정을 체계적이면서도 상세하게 정하고 있다.

한편, 과소지역의 지정은 인구와 재정력 요건의 충족 여부에 따라 결정한다. 다음은 제5차 특별조치법에서의 인구 요건과 재정력 요건이다. 인구 요건은 장기 40년과 중기 40년으로 나누었으며, 장기 40년은 다시 재정력지수의 고려와 고령자 및 청년 비율을 고려하여 두 가지 타입으로 분류하고 있다. 그리고 재정력 요건은 3년 동안의 평균을 내어서 정하고 있으며, 이 경우에도 경기 수입이 있는 지역을 제외한다는 조건을 붙여 형평성을 갖추고자 하였다.

<표 V-1> 일본의 과소지역 요건

| 인구 요건 | | | 재정력 요건 |
|---|---|---|---|
| 조건① 장기 40년 (1975~2015년) | **평균 28% 이상 감소한 경우**<br>- 재정력지수 평균이 0.4 이하인 경우는 23% 이상 감소로 더 완화함(재정력이 낮은 지역의 인구감소율 요건 완화)<br>- 25년(1990~2015년)간 인구증가율이 10% 이상인 경우 제외 | | 2017~2019년 3년 동안 재정력지수 평균이 0.51 이하<br><br>※ 공영경기수익이 40억엔을 초과할 경우는 제외함 |
| 조건② 장기 40년 (1975~2015년) | **평균 23% 이상 감소한 경우**<br>- 아래의 고령자비율 또는 청년비율을 충족하는 경우 인구감소율 기준치를 완화함<br>- 25년(1990~2015년)간 인구증가율이 10% 이상인 경우 제외 | | |
| | 2015년 고령자비율<br>- 65세 이상 인구비율 | 35% 이상 | |
| | 2015년 청년비율<br>- 15~30세 인구비율 | 11% 이하 | |
| 조건③ 중기 25년 (1990~2015년) | 평균 21% 이상 감소 | | |

출처) 일본 참의원

이전에 과소지역이었던 지방자치단체가 일반지역으로 변경된 경우에도 바로 지원을 끊어버리지 않고 경과조치를 두어 일정한 지원을 받을 수 있게 하였다. 인센티브로는 국고보조부담률의 인상과 채권의 발행, 세제지원 등이 있다.

일단 과소지역으로 지정되면 인재의 확보와 육성, 산업의 진흥, 관광진흥과 교류 촉진, 취업 촉진, 생활환경의 정비, 재생가능에너지의 이용 추진, 자연환경 보전과 재생, 기초자치단체의 규제 완화, 간이수도시설의 정비나 민간운영 진료소 경비 보조, 공립학교와 어린이집에 대한 국고보조율의 인상, 일본정책금융의 저이자 금융조치 등 다방면의 지원을 받게 된다.

## 다. 관계인구의 형성과 고향납세제도의 이용

### 1) 관계인구의 형성

지역소멸을 방지하기 위해서는 지역의 정주 여건과 주민 복지를 개선하여 인구 유출을 방지하고 인구 유입을 증가시키는 대책이 필요하다. 일본에서는 제5차 특별조치법에서 처음으로 관계인구의 개념을 인정하고 있다.

관계인구란 지역소멸이 이루어지고 있는 현실에서 국가나 지방자치단체가 정주인구인 고향회귀인구나 방문인구만으로는 지역소멸의 위기에서 벗어나기 어려우므로 이제는 상시적으로 거주하지 않지만 지역 산업과 밀접하게 관련 있는 사람들을 관계인구(제3의 인구)로 정의하고 이들 인구를 증가시켜서 지역을 유지하자는 지역발전정책이다. 그러나 관계인구의 개념은 우리나라뿐만 아니라 일본에서도 여전히 익숙한 개념은 아니고 앞으로도 그 범주를 늘려나가야 할 연성적인 개념이다.

관계인구를 다시 설명하자면 소멸위기지역의 사람들과 사업이나 봉사활동 등을 통해 일시적이 아닌 계속적으로 깊게 연결된 사람들을 말한다. 관계인구의 증가는 소멸위기지역에 새로운 자극을 주므로 개성을 갖춘 지역으로 계속 변화시키는 역할을 할 수 있다. 또한 일정한 조직구성원이 있어야 지역의 공공서비스가 유지되므로 지역 조직의 존속을 위해서도 지역과 밀접한 연관을 가진 관계인구는 정주인구를 보완하는 기능을 한다. 그리고 소멸위기지역만의 전통을 유지시키면서도 현대 생활양식에 맞춘 지킴이 역할을 할 수 있다.

## 2) 고향납세제도의 이용

과소지역의 관계인구를 증가시키기 위해서는 도시지역에 살고 있는 거주자가 먼저 과소지역을 방문할 기회가 있어야 한다. 방문 기회는 과소지역에 새로운 유인구조가 있거나 지역의 매력이 강화될수록 늘어난다. 왜냐하면 사람은 누구나 자기가 가지고 있는 유한한 자원을 최대한 가치 있게 사용하려고 하기 때문에 시간·돈·인간관계를 소비할 수 있을 만큼의 매력 있는 과소지역은 사람을 끌어들일 수 있다. 이 경우 사람을 끌어들이는 요소 중 하나가 지역의 고착화된 문제 해결이다. 고착화된 문제의 해결이야말로 과소지역의 주민이 가장 원하는 바이므로 외부인에 대해 적극적으로 특별한 이익을 제공하거나 공동 활동을 제시할 수 있기 때문이다. 고향납세제도는 주민의 아이디어로 기부금의 사용처를 정하고, 민간 생산자의 답례품 제공이 최대한 효율적으로 운영되도록 하며, 지역에 찾아오는 방문객에게 서비스 관계자뿐만 아니라 지역주민도 지역의 매력을 어필하는 제도이다.

다만, 이 경우 유의할 점은 관계인구의 형성과 관련된 고향납세제도의 초기 제도기반 형성에서는 정부나 지방자치단체의 역할이 중요하지만, 실제 사업을 하거나 이를 유지 및 관리하는 주체는 민간 영역이 중심이 되어야 한다는 점이다. 정부나 지방자치단체를 중심으로 사업을 지속하게 되면 기득권을 갖게 된 상업시설 등의 저항이 발생하여 목표한 사업이 추진되지 못할 위험성이 커진다. 고향납세제도는 전국의 모든 지방자치단체뿐만 아니라 생산자가 경쟁하는 것이므로 소비자의 기호 변화를 빠르게 인식하고 적용할 수 있는 민간 영역의 신속성과 유연성이 필수적이다.

# 2. 우리나라의 인구감소지역

## 가. 인구감소지역 89곳 지정

 정부는 국가균형발전 특별법(이하 법)에 근거하여 인구감소로 인해 지역소멸이 우려되는 시·군·구를 대상으로 출생률, 65세 이상 고령인구, 14세 이하 유소년인구 또는 생산가능인구의 수를 조사해서 '인구감소지역'을 지정하고 있다.

<표 V-2> 인구감소지역으로 지정된 89개 지방자치단체

| 구성 | 인구감소지역 |
|------|------|
| 부산 (3) | 동구, 서구, 영도구 |
| 대구 (2) | 남구, 서구 |
| 인천 (2) | 강화군, 옹진군 |
| 경기 (2) | 가평군, 연천군 |
| 강원 (12) | 고성군, 삼척시, 양구군, 양양군, 영월군, 정선군, 철원군, 태백시, 평창군, 홍천군, 화천군, 횡성군 |
| 충북 (6) | 괴산군, 단양군, 보은군, 영동군, 옥천군, 제천시 |
| 충남 (9) | 공주시, 금산군, 논산시, 보령시, 부여군, 서천군, 예산군, 청양군, 태안군 |
| 전북 (10) | 고창군, 김제시, 남원시, 무주군, 부안군, 순창군, 임실군, 장수군, 정읍시, 진안군 |
| 전남 (16) | 강진군, 고흥군, 곡성군, 구례군, 담양군, 보성군, 신안군, 영광군, 영암군, 완도군, 장성군, 장흥군, 진도군, 함평군, 해남군, 화순군 |
| 경북 (16) | 고령군, 군위군, 문경시, 봉화군, 상주시, 성주군, 안동시, 영덕군, 영양군, 영주시, 영천시, 울릉군, 울진군, 의성군, 청도군, 청송군 |
| 경남 (11) | 거창군, 고성군, 남해군, 밀양시, 산청군, 의령군, 창녕군, 하동군, 함안군, 함양군, 합천군 |

 정부는 2020년 개정된 국가균형발전 특별법에 근거하여 2021년 6월 인구감소지역의 지정 절차와 행정적인 지원사항 및 재정적인 지원사항을 규정한

시행령을 발표하였다. 시행령에 따르면 정부부처와 지방자치단체가 협의한 후에 국가균형발전위원회의 심의를 거쳐 행정안전부 장관이 인구감소지역을 지정한다.

정부는 인구증감률, 인구밀도, 청년 순이동률, 지역의 경제활동 주간인구 규모, 고령화비율, 유소년비율, 조출생률, 재정자립도 등 8개 지표를 선정하여 지방자치단체의 인구감소지수를 정한다.

인구감소지역은 5년 주기로 다시 지정할 예정이다. 다만, 이번 지정이 처음 이라는 점에서 정부는 향후 2년 동안 인구감소 상황을 상세히 분석하여 지정 을 보완할 계획이다.

## 나. 인구감소지역에 대한 지원

정부는 인구감소지역을 대상으로 ① 교육·의료·복지·문화 등 인구감소지 역의 생활서비스 적정공급기준에 관한 사항 ② 지역 간 생활서비스 격차의 해 소 등 생활서비스 여건의 개선과 확충에 관한 사항 ③ 교통·물류망 및 통신망 확충에 관한 사항 ④ 기업의 유치, 지역특화산업의 육성 등 일자리 창출에 관 한 사항 ⑤ 청년 창업과 정착 지원 등 청년인구의 유출 방지와 유입 촉진에 관 한 사항 ⑥ 공동체 자립기반 조성 등 공동체 지원과 활성화에 관한 사항 ⑦ 주 민의 자율적인 교육 및 훈련의 지원, 마을·공동체 전문가 양성 등 주민과 지역 의 역량 강화에 관한 사항 ⑧ 지방자치단체 간의 시설과 인력의 공동 활용, 행 정기관 기능의 조정 등 공공서비스 전달체계의 개선에 관한 사항 ⑨ 그 밖에 인구감소지역의 발전을 위하여 필요하다고 인정되는 사항에 관한 시책을 추 진할 예정이다(국가균형발전 특별법 제16조의2).

국가균형발전 특별법상의 지원사항에 대해 2021년 10월 행정안전부는 인구감소지역의 지원책 추진방향을 다음과 같이 발표하였다.

첫째, 지역 주도의 상향식 인구활력계획을 수립하고 맞춤형 정책이 시행될 수 있도록 한다. 다시 말하자면, 지방자치단체 스스로가 인구감소의 원인을 진단하고 지역 특성에 맞는 인구활력계획을 수립하면 정부는 국고보조사업과 같은 재정지원과 특례 부여 등 제도적 지원을 적극적으로 추진한다.

둘째, 지방소멸대응기금(매년 1조원, 10년간 지원)과 국고보조금 등의 재원을 패키지 형태로 투입하여 지역의 인구감소 대응사업을 지원한다. 2022년부터 신설되는 지방소멸대응기금을 인구감소지역에 집중적으로 투입하여 일자리 창출, 청년인구의 유입, 생활인구의 확대 등 다양한 인구활력 증진사업을 시행한다. 그리고 인구감소 대응에 적합한 국고보조사업(52개, 총 2조 5,600억원 규모)에 대해서도 공모 시 가점의 부여, 사업량의 우선 할당, 지역 특화 전용사업을 통해 범부처가 협업하여 인구감소지역을 지원한다.

셋째, '인구감소지역 지원 특별법'을 제정한다. 인구감소지역에 대한 각종 재정·세제·규제 등 제도 특례를 체계적이고 촘촘하게 마련하기 위해 관계부처 및 국회와 법안 협의의 속도를 낸다.

넷째, 지역과 지역, 지역과 중앙 간 연계 협력을 활성화하기 위해 지방자치단체 간 특별지방자치단체 설치 등 상호협력을 추진토록 유도한다. 지방소멸대응기금과 광역자치단체 배분 재원을 활용해서 복수 지방자치단체 간 생활권 협력사업을 적극 지원한다. 국가와 지역이 협력하여 인구감소 위기에 공동 대응하도록 투자협약을 체결해 국가의 의무를 강화하고 지방자치단체의 정책을 강력히 추진한다.

고향사랑기부제는 인구감소지역 살리기에 상당한 기여를 할 것으로 기대된다. 지방자치단체는 지역주민과 기부 희망지역의 의견을 반영하여 고향사랑기부제의 취지에 상응한 사업계획을 준비해야 한다. 다음 장에서는 사업계획을 준비하는 데 도움을 줄 수 있는 구체적인 사업전략에 대해 살펴보도록 하겠다.

# VI

# 유형별 고향납세제도 전략

## 지방자치단체의 변화와 노력

일반적으로 고향사랑기부제에 대한 얘기를 들으면, 지방자치단체가 제공하는 답례품이나 기부금 실적에만 관심을 갖는다. 그러나 특색이 있는 답례품과 높은 기부금 실적을 달성하기 위해서는 많은 변화와 노력이 필요하다. 본장은 일본 지방자치단체의 변화와 노력 그리고 이러한 전개 과정에서 나타난 스토리를 소개하고 있다.

이러한 스토리는 브랜드 개발 전략(A), 상품 개발 전략(B), 아이디어 개발전략(C), 지역 비전 전략(D), 주민 복리 증진(E)으로 나눌 수 있다. 브랜드 개발 전략(A)은 지역에 존재하고 있는 특정 대상을 새롭게 탈바꿈시켜 브랜드화하는 전략이다. 상품 개발 전략(B)은 지역 사업자가 새로운 답례품을 개발하는 전략이다. 아이디어 개발 전략(C)은 지역의 고향납세 담당자가 전국적으로 잘 알려지지 않은 지역 상품을 아이디어를 통해 특색 있게 꾸미는 전략이다. 지역 비전 전략(D)은 지역의 미래 경쟁력을 향상시키기 위해 고향납세제도를 활용하는 전략이다. 마지막으로 주민 복리 증진(E)은 보다 더 윤택한주민의 삶을 위한 지방자치단체의 노력이다.

이들 전략에 대해 먼저 간단히 개요를 소개하고, 이어서 각 지방자치단체의 지리적 및 행정적인 상황을 서술하여 각 지방자치단체의 전략이 어떻게 추진되고 있는지 알아본다. 그리고 2008년부터 2020년까지 지방자치단체의 고향납세 실적을 알아본 후, 이러한 성과를 얻게 된 원인을 분석한다. 또한 우리나라 지방자치단체에서 참고할 수 있도록 몇몇 지방자치단체의 고향납세 기부조례를 소개하고자 한다.

다음에서 소개하는 사례는 일본 고향납세 사이트인 고향초이스가 발표한우수사례 중에서 저자가 유형별로 선정한 것이다.

<표 VI-1> 고향납세 활용 우수사례

(A) 브랜드 개발 전략 (B) 상품 개발 전략 (C) 아이디어 개발 전략 (D) 지역 비전 전략 (E) 주민 복리 증진

| 번호 | 유형 | 지방자치단체 | 활용 스토리 |
|---|---|---|---|
| 1 | A | 미키쵸(三木町) | 수공예 나무 공예품을 답례품 브랜드로 개발 |
| 2 | A | 덴도시(天童市) | 장기 제품을 답례품 브랜드로 개발 |
| 3 | A | 스사키시(須崎市) | 수달 캐릭터를 답례품 브랜드로 개발 |
| 4 | A | 이치키쿠시키노시(いちき串木野市) | 흑돼지 캐릭터를 답례품 브랜드로 개발 |
| 5 | A | 스미다구(墨田区) | 지역 출신 유명 화가의 작품을 브랜드로 개발 |
| 6 | A | 구라요시시(倉吉市) | 전통가게의 기술을 브랜드로 개발 |
| 7 | B | 우마지무라(馬路村) | 지역특산물인 유자를 이용한 상품 개발 |
| 8 | B | 기타히로시마시(北広島市) | 직판장을 이용하여 지역특산물을 상품으로 개발 |
| 9 | B | 나가시마쵸(長島町) | 지역특산품인 수산물을 이용한 상품 개발 |
| 10 | B | 엔베쓰쵸(遠別町) | 지역 농업고등학교를 이용한 상품 개발 |
| 11 | B | 기타카미시(北上市) | 특산품 송달을 전담하는 중간사업자를 활용한 상품 개발 |
| 12 | C | 규슈시(九州市) | 거버먼트 크라우드펀딩 아이디어 개발 |
| 13 | C | 사카이시(坂井市) | 주민이 사용처를 제안하고 결정하는 '기부시민 참가제도' 아이디어 개발 |
| 14 | C | 야쓰시로시(八代市) | 담당 공무원이 석조문화를 활용한 아이디어 개발 |
| 15 | C | 사이타마현(埼玉県) | 지방자치단체 상호 연대를 통한 아이디어 개발 |
| 16 | C | 후쿠이현(福井県) | 고향을 지키기 위해 고향납세제도 아이디어 개발 |
| 17 | D | 아마쵸(海士町) | 지역자원을 이용한 물품 만들기(산업), 사람 만들기(교육) 및 일 만들기(고용 창출) |
| 18 | D | 도카마치시(十日町市) | 공동식품가공소를 신설하여 여성 농업인 활약을 통해 과소지역의 어려움 극복 |
| 19 | D | 긴코쵸(錦江町) | 온라인 소아과를 기반으로 포괄의료지원센터 운영 |

| 20 | D | 오사키쵸·히가시카와쵸<br>(大崎町·東川町) | 유학생에 대한 환경보존 기술 교육으로 세계적인<br>인재 양성 |
|---|---|---|---|
| 21 | D | 이케다쵸(池田町) | 양노철도 지원을 통한 지역의 미래 가꾸기 |
| 22 | D | 히가시카와쵸(東川町) | 지방자치단체에서 추진하는 프로젝트에 투자할<br>수 있는 기회 제공 |
| 23 | E | 분쿄구(文京区) | 생활보호자 자녀 후원 프로젝트 |
| 24 | E | 마에바시시(前橋市) | 아동보호시설을 떠나 자립하는 청년 지원 프로젝트 |
| 25 | E | 가미시호로쵸(上士幌町) | 10년간 어린이집 무상보육 프로젝트 |
| 26 | E | 진세키코겐쵸(神石高原町) | 개 살처분 금지 프로젝트 |

# A. 브랜드 개발 전략

## 1. 미키쵸(三木町) - 수공예 나무 공예품을 답례품 브랜드로

### 가. 공방의 나무 내음! 그게 좋아(진한 여운과 추억을 담은 나무통)

미키쵸의 고향납세 담당자는 마을의 특산물을 찾아서 목공소를 방문했다. 가가와현(香川県)에는 예전부터 양질의 삼나무를 사용하여 나무통을 만드는 목공소가 많이 있었다. 지금은 공장자동화의 영향으로 수작업 목공소가 자취를 감추고 있다.

그러나 얼마 남지 않은 목공소에서 일하는 장인들은 수작업 목공에 대해 강한 자부심을 갖고 있다. 보통 목공품은 수십 년간 사용되는 물건이기에 사람들은 나무통에 대해 여러 가지 추억을 갖고 있다. 고향납세 담당자는 사람들의 인생을 이야기하고 있는 나무통을 고향납세 답례품으로 출품하기로 결정했다.

전국의 고향납세 기부자들도 미키쵸 직원과 같은 생각을 하고 있었다. 미키쵸는 나무통에 대한 주문이 많아지자 이번에는 와인 붐을 예상하고 와인을 차갑게 하는 와인 쿨러를 포함한 여러 가지 상품을 추가적으로 개발하고 있다.

전국에서 밀려오는 주문은 미키쵸의 기부금 실적뿐만 아니라 전통공예사인 목공소 장인이 전국적으로 인정받는 효과를 낳고 있다. 후계자가 없어서 폐업 위기에 놓였던 목공소에 새로운 바람이 일고 있다. 목공 장인인 아버지의 일에 대한 열정을 몸과 마음으로 느낀 자녀들이 목공소를 물려받기 위해 전직을 하고 있다.

## 나. 미키쵸 소개

가가와현 미키쵸는 한가로운 시골 풍경을 갖고 있어서 이곳을 처음 방문한 사람에게 왠지 모를 그리운 기분을 느끼게 한다.

미키쵸는 가가와현 동부에 위치하고 있으며 서쪽으로는 다카마쓰시(高松市)에 접하고 있다. 미키쵸는 다카마쓰시의 베드타운 역할을 하는 곳이지만, 마을 안에는 보육원, 유치원, 초·중·고등학교 그리고 대학교까지 있기 때문에 아이들은 교육 여건에 대한 어려움을 느끼지 않고 학교를 다닐 수 있다. 미키쵸는 사자춤과 희귀설탕으로도 유명하다. 마을에는 일본 최대급의 대사자 4마리와 50여개의 사자춤 단체가 활동하고 있다. 또한 산학관 제휴로 희귀설탕이 제조되고 있다.

미키쵸의 총인구는 2만 8,331명이다. 고령자 비율은 30.7%로 전국 평균 27.6%에 가깝고, 아동 비율도 12.7%로 전국 평균 12.4%에 가깝다. 그러나 2018년 국가인구조사에서 138명의 인구가 감소한 점을 보면 도심으로의 인구 유출이 계속되고 있다고 판단할 수 있다. 지방교부세율은 19.3%로 전국 평균 11.8%보다 다소 높다.

지방교부세율이 전국 평균보다 높다는 의미는 해당 자치단체의 재정력이 상대적으로 풍부하지 못한 상황을 의미하고, 반대로 전국 평균보다 낮으면 재정력이 상대적으로 풍부하다는 의미이다.

## 다. 고향납세 기부금 현황

미키쵸의 고향납세 기부금은 2016년부터 크게 늘고 있다. 이렇게 기부금 실적이 늘어난 이유는 수공예 나무 공예품과 같은 의미 있는 답례품 제공과 '일본에서 가장 아이 키우기 좋은 마을 만들기'를 목표로 체계적인 아이돌봄 서비스를 추진하여 기부자의 마음을 움직인 결과라고 생각한다.

\<표 VI-2\> 미키쵸 2008~2020년 고향납세 기부금 추이

| 연도 | 건수 | 금액 |
|------|------|------|
| 2008 | 10건 | 500,000엔 |
| 2009 | 9건 | 715,000엔 |
| 2010 | 10건 | 725,000엔 |
| 2011 | 12건 | 895,000엔 |
| 2012 | 14건 | 1,640,000엔 |
| 2013 | 34건 | 1,505,000엔 |
| 2014 | 89건 | 3,126,000엔 |
| 2015 | 414건 | 8,217,000엔 |
| 2016 | 38,399건 | 710,912,605엔 |
| 2017 | 75,112건 | 1,172,246,700엔 |
| 2018 | 70,883건 | 974,055,000엔 |
| 2019 | 20,754건 | 290,598,505엔 |
| 2020 | 49,451건 | 621,288,331엔 |

출처) 총무성

## 라. 미키쵸 고향납세 기부조례

**제1조(목적)** 이 조례는 미키쵸를 사랑하고 응원하고자 하는 개인 또는 단체의 기부자를 모집하여 그 기부금을 재원으로 기부자의 의향을 반영한 각종 사업을 실시함으로써 개성이 풍부하고 활력 있는 마을 조성에 이바지하는 것

을 목적으로 한다.

**제2조(사업 구분)** 제1조에서 규정한 기부자의 의향을 반영하기 위한 사업 구분은 다음과 같다.

(1) 자연환경과 지역경관의 보전 및 활용에 관한 사업

(2) 저출산·고령화 대책에 관한 사업

(3) 교육환경의 정비 및 청소년의 건전육성에 관한 사업

(4) 안전·안심하게 살 수 있는 마을조성사업

(5) 스포츠·예술 및 문화 진흥에 관한 사업

(6) 관광자원의 개발 및 전통행사의 전승에 관한 사업

(7) 농촌 및 산촌 진흥대책에 관한 사업

(8) 기타 단체장이 필요하다고 인정하는 사업

**제3조(기부금의 용도 지정)** ① 기부자는 제2조에서 규정한 사업의 범위 내에서 기부금 재원으로 충당할 사업을 지정할 수 있다.

② 조례에 따라 모금한 기부금 중 전항에서 규정한 사업의 지정이 이루어지지 않은 기부금은 전조 제8호의 사업 지정으로 한다.

**제4조(기금의 적립)** ① 제2조에서 규정한 사업에 충당하기 위하여 기부자로부터 모금한 기부금을 적정하게 관리 및 운용할 목적으로 제정한 미키쵸만남고향기금조례(1988년 미키쵸 조례 제3호)에 근거하여 기금을 적립한다.

② 기금 적립액은 제3조의 규정에 따라 기부된 기부금 및 기부금에서 발생하는 수익으로 한다.

**제5조(기부자에 대한 배려)** 단체장은 이 조례에 기초한 기금의 적립, 관리 및 처분, 기타 운용에 있어서 기부자의 의향이 반영되도록 충분히 배려하여야 한다.

제6조(운용상황의 공표) 단체장은 매년도 종료 후 6월 이내에 이 조례의 운용 상황에 관하여 의회에 보고하고 공표하여야 한다.

제7조(위임) 이 조례에서 정하는 것 이외에 이 조례의 시행에 관하여 필요한 사항은 규칙으로 정한다.

## 2. 덴도시(天童市) - 장기 제품을 답례품 브랜드로 개발

### 가. 천동 장기의 불은 계속된다! 젊은 장인의 도전

2012년 천동 장기 전통공예사 자격을 취득한 사쿠라이 도우스이 씨! 사쿠라이 씨는 아버지의 제자로서 천동 장기를 만들고 있다.

사쿠라이 씨의 장기 조각법은 프로 장기타이틀전에서 사용되고 있는 제조법으로, 나무토막을 깎아내 옻칠을 덧대어 옻칠과 나무토막이 평평해지도록 마무리하는 작업으로 이루어져 있다.

2016년 5월 덴도시에서 개최한 명인전에서 사쿠라이 씨가 제작한 장기가 처음으로 사용되었는데, 당시 대국은 일본 역사상 기념적인 대국이었다. 영화 '3월의 사자'에서 사용된 장기도 직접 제작하였다. 현재는 도쿄를 비롯하여 오사카에서도 장기 전시회를 하고 있으며, 전시회에서는 직접 장기를 조각하는 시연을 펼치기도 한다.

덴도시는 고향납세 답례품으로 천동 장기를 선물하고 있다. 그리고 고향납세 기부금으로 장기 전통공예 후계자 육성을 지원하고 있으며, 장기 만들기 강좌 수강생들은 사쿠라이 씨처럼 장기 장인으로 성장하고 있다.

## 나. 덴도시 소개

덴도시는 장기를 비롯하여 전통공예품의 생산지로 유명하다. 또한 분지 특유의 기온차로 버찌·복숭아·포도·라프랑스(서양배)·사과 등이 맛있는 향을 내뿜으며 생산되고 있다.

'제2의 고향 덴도시'라는 캐치프레이즈 아래 고향납세를 통해서 많은 사람들이 덴도시를 제2의 고향으로 느낄 수 있도록 춘하추동 이벤트를 계획하고 있다.

덴도시에서 장기는 마을의 상징으로 장기를 특화한 도시를 만들고 있다. JR덴도시역 1층에는 일본에서 유일한 전문 장기자료관인 덴도시 장기자료관이 있으며, 역 앞에 서 있는 보도나 전신주도 장기로 장식되어 장기를 즐기는 팬들에게 기쁨을 주고 있다.

덴도시의 총인구는 6만 2,073명이다. 고령자 비율은 29.2%로 전국 평균 27.6%보다 약간 높으나 아동 비율이 13%로 전국 평균 12.4%와 비슷해서 자연감소의 우려는 없다. 2018년 국가인구조사에서도 인구가 75명 증가한 것으로 나타났다. 그리고 지방교부세율도 13.3%로 전국 평균 11.8%에 비해 약간 높으나 재정력지수는 건전한 편에 속한다.

## 다. 고향납세 기부금 현황

고향납세 기부실적은 2014년부터 크게 늘어났다. 덴도시는 전통공예품의 생산지로 명성이 높지만 분지에서 생산되는 높은 당도의 과일도 유명하다.

덴도시 전체가 장기를 자랑으로 여기는 곳으로 고향납세 기부자들에게 고향의 매력을 전달할 수 있는 이벤트가 1년 내내 계획되고 있는 곳이다. 이러한 덴도시의 노력으로 2015년부터 고향납세 기부는 15만건 이상에 달하고 있다.

<표 Ⅵ-3> 덴도시 2008~2020년 고향납세 기부금 추이

| 연도 | 건수 | 금액 |
|------|------|------|
| 2008 | 14건 | 510,000엔 |
| 2009 | 2건 | 42,000엔 |
| 2010 | 6건 | 267,000엔 |
| 2011 | 7건 | 250,000엔 |
| 2012 | 3건 | 1,105,000엔 |
| 2013 | 3건 | 115,000엔 |
| 2014 | 58,289건 | 780,874,582엔 |
| 2015 | 181,295건 | 3,227,844,109엔 |
| 2016 | 201,925건 | 3,357,548,554엔 |
| 2017 | 172,284건 | 2,899,458,837엔 |
| 2018 | 103,393건 | 1,909,608,486엔 |
| 2019 | 101,504건 | 1,801,423,204엔 |
| 2020 | 155,973건 | 2,521,237,474엔 |

출처) 총무성

## 라. 덴도시 고향응원기부 사무처리지침

**제1조(취지)** 이 지침은 덴도시를 응원하는 기부자의 기부금을 적정하게 관리하고 기부자의 희망에 따라 운용하기 위하여 덴도시 고향응원기부 사무취급에 관하여 필요한 사항을 정하고 있다.

**제2조(기부의 접수)** 시장은 고향응원기부로 기부금을 접수할 때에 기부자에게 덴도시 고향응원기부신청서를 제출하도록 한다.

**제3조(운용사업)** ① 시장은 고향기부금을 기부자가 희망하는 사업에 운용하도록 한다.

(1) 장기 마을의 진흥에 관한 사업

(2) 과일마을 진흥 및 물, 녹색, 경관보전에 관한 사업

(3) 덴도의 육성에 관한 사업

(4) 장애인 및 고령자 복지 관련 사업

(5) 스포츠 및 문화 진흥에 관한 사업

(6) 지역진흥 및 교류확대에 관한 사업

(7) 전 각호에 열거된 것 이외에 시장이 특히 필요하다고 인정한 사업

② 시장은 기부자의 희망에 따라 고향기부금의 사용처를 위임받은 경우 전항 각호의 어느 하나의 사업으로 운용하도록 한다.

**제4조(관리)** 고향기부금은 일반회계 세입세출예산에 이월하여 관리하도록 한다.

**제5조(처분)** 고향기부금은 제3조 제1항 각호에서 열거하는 사업에 필요한 비용에 충당하는 경우에 한하여 처분할 수 있다.

**제6조(공표)** 시장은 연 1회 고향기부금의 운용상황을 공표하도록 한다.


# 3. 스사키시(須崎市) - 수달 캐릭터를 답례품 브랜드로 개발

## 가. 캐릭터 신조군과 함께 스사키시를 만들어간다

스사키시의 고향납세 기부금 실적은 2008년부터 2014년까지 200만엔 정도였다. 그러나 2015년에는 6억엔에 이르렀고, 2020년에는 21억엔(약 220억 원)으로 성장하고 있다.

기부금 실적 증가의 일등 공신은 스사키시 캐릭터 신조군과 스사키시 활력 창조과에서 근무하였던 모리토키 다케시 씨이다.

모리토키 씨는 2002년 수달을 모티브로 만들어진 신조군 캐릭터를 현대적인 감각으로 탈바꿈시켰다. 그는 시중에 나와 있던 마스코트들을 조사하여 캐

릭터 신조군의 시선을 상대방과 마주하지 않도록 하고, 스사키시 명물인 나베야키 라면을 모자화하여 비스듬히 씌워 마스코트의 특징을 잘 나타냈다.

신조군은 소셜네트워크서비스(SNS) 홍보 등을 통해 많은 사람들의 관심을 모았고 2016년에는 민간에서 주최하는 마스코트 캐릭터 그랑프리를 수상했다.

## 나. 스사키시 소개

생선의 마을, 스사키시! 고치현(高知県) 스사키시의 생선은 최고의 명물로 계절마다 다양한 종류의 어패류를 맛볼 수 있다. 최근에는 해물을 이용한 스사키시 나베야키 라면 거리가 형성되어 전국적으로 알려졌다.

스사키시는 인구과소지역으로 지정되어 있다. 총인구수는 2만 2,026명이다. 고령자 비율은 38.3%로 전국 평균 27.6%보다 높고, 아동 비율은 9.6%로 전국 평균 12.4%보다 낮아 앞으로도 인구 자연감소가 예상된다. 2018년 국가 인구조사에서도 476명이 줄어든 것으로 나타나 자연감소를 방지하기 위한 대책이 필요하다. 지방교부세율은 26.7%로 전국 평균 11.8%보다 상회하고 있어 재정력지수가 낮다.

## 다. 고향납세 기부금 현황

스사키시의 고향납세 기부금은 2015년부터 급성장하여 2020년에는 21억 엔에 달하고 있다. 이렇게 성장하게 된 배경에는 스사키시 직원의 힘이 컸다. 직원이었던 모리토키 씨는 2002년 수달을 모티브로 하여 만들어진 캐릭터 신조군이 사람들로부터 잊혀져가고 있음을 깨닫고 사람들에게 사랑받을 수 있도록 현대적인 감각으로 개선하였다.

매력적인 신조군의 활약과 스사키시의 답례품 개발 노력이 어우러져 높은 기부금 실적을 이루고 있다.

<표 VI-4> 스사키시 2008~2020년 고향납세 기부금 추이

| 연도 | 건수 | 금액 |
|---|---|---|
| 2008 | 27건 | 4,341,000엔 |
| 2009 | 7건 | 225,000엔 |
| 2010 | 5건 | 1,114,732엔 |
| 2011 | 12건 | 1,658,000엔 |
| 2012 | 13건 | 377,000엔 |
| 2013 | 14건 | 425,000엔 |
| 2014 | 35건 | 2,007,000엔 |
| 2015 | 42,527건 | 597,432,722엔 |
| 2016 | 60,255건 | 996,616,810엔 |
| 2017 | 70,500건 | 1,103,595,817엔 |
| 2018 | 82,382건 | 1,316,369,188엔 |
| 2019 | 59,920건 | 1,105,588,375엔 |
| 2020 | 143,143건 | 2,146,201,704엔 |

출처) 총무성

## 라. 스사키시 응원기부조례

**제1조(목적)** 이 조례는 스사키시에 기부하는 기부금을 재원으로 빛나는 스사키시 조성에 기여하는 것을 목적으로 한다.

**제2조(사업의 구분)** 기부금을 재원으로 하는 사업은 다음과 같다.

(1) 아이들이 건강하게 생활할 수 있는 마을조성사업

(2) 자연을 활용한 건강한 마을조성사업

(3) 전 2호에서 정한 것 이외에 시장이 필요하다고 인정한 사업

**제3조(기금의 설치)** 기부금의 관리·운용을 위해 스사키시 응원기금을 설치한다.

**제4조(기부금의 용도 지정)** ① 기부자는 제2조 각호에서 규정한 사업 중에서 기부금을 재원으로 실시하는 사업을 미리 지정할 수 있다.

② 기부자가 전항에서 규정한 사업의 지정을 하지 않을 때에는 시장이 사업을 지정한다.

**제5조(기금의 적립)** 기금은 일반회계 세입세출예산으로 관리한다.

**제6조(기금의 관리)** 기금은 금융기관에 예금 및 기타 확실하고 유리한 방법으로 보관하여야 한다.

**제7조(기금의 운용익금 처리)** 기금의 운용으로 생긴 수익은 예산에 계상하여 기금에 편입한다.

**제8조(기금의 처분)** 기금은 제1조의 목적을 달성하기 위하여 제2조 각호에서 정하는 사업의 재원으로 충당할 경우에 한하여 처분할 수 있다.

**제9조(기부자에 대한 배려)** 시장은 기금의 적립, 관리, 처분 및 기타 기금의 운용에 있어서 기부금의 목적이 반영될 수 있도록 충분히 배려하여야 한다.

**제10조(운용상황의 공표)** 시장은 매년도 종료 후 6개월 이내에 기금의 운용상황에 관하여 공표한다.

**제11조(위임)** 이 조례에서 정하는 것 이외에 필요한 사항은 별도로 정한다.


# 4. 이치키쿠시키노시(いちき串木野市)-흑돼지 캐릭터를 답례품 브랜드로 개발

## 가. 모교의 존속! 산학관을 통해 브랜드력을 향상하다(이치키쿠시키노 고등학교의 흑돼지 프로그램)

이치키쿠시키노시는 입학자가 감소하고 있는 현립고등학교의 존속을 위해 기부금을 활용하고 있다. 그리고 학습 교재로 사육하고 있는 흑돼지를 브랜드화하기 위해 산학관 제휴 흑돼지 프로젝트를 발족했다.

양돈반 학생 9명이 흑돼지 프로젝트의 로고와 애칭을 고안하였고, 지역 음식점과 함께 답례품용 흑돼지 가공품 개발에 박차를 가하고 있다. 그리고 학교에서는 J-GAP(J-Good Agricultural Practice, 일본 농업생산공정관리) 인증에 도전하고 있다. J-GAP 인증이란 농림수산성이 추진하는 인증제도로, 농업생산활동의 지속성을 확보하기 위해 식품안전·환경보전·노동안전에 관한 법령 준수상황을 검사하고 그 실시와 기록, 점검, 평가를 반복하면서 생산공정을 개선시키도록 한 농업생산공정관리 인증이다.

## 나. 이치키쿠시키노시 소개

이치키쿠시키노시는 일본 3대 사구(砂丘)의 하나인 후키아게하마의 북단에 위치한 가고시마현(鹿児島県)의 지방자치단체이다. 동중국해와 산으로 둘러싸여 있어서 온난한 기후의 자연환경을 갖고 있다. 또한 전통음식 문화가 계승되고 있어서 쓰케아게·지리멘·폰칸·사워포메로 등 특산품 음식이 풍부한 곳이다.

총인구는 2만 8,097명이며, 고령자 비율이 35.9%로 전국 평균 27.6%보다 높고 아동 비율이 전국 평균보다 낮아 인구감소의 우려가 있는 지역이다. 2018년 국가인구조사에서도 388명이 줄어든 것으로 나타났다. 지방교부세율은 전국 평균 11.8%를 상회하는 32.6%로 재정력지수가 낮다.

## 다. 고향납세 기부금 현황

이치키쿠시키노시의 고향납세 기부금 실적은 2015년부터 상승하고 있다. 2018년부터는 12만건 이상의 기부를 기록하고 있다.

이치키쿠시키노시가 추진하고 있는 현립고등학교의 존속을 위한 프로젝트가 성과를 나타낸 것이다. 이처럼 지방자치단체가 기부금 사용처를 명확하게 제시할 경우 기부자들은 그 노력에 많은 응원을 보낸다.

<표 VI-5> 이치키쿠시키노시 2008~2020년 고향납세 기부금 추이

| 연도 | 건수 | 금액 |
|------|------|------|
| 2008 | 6건 | 464,530엔 |
| 2009 | 5건 | 371,000엔 |
| 2010 | 7건 | 710,000엔 |
| 2011 | 9건 | 2,668,000엔 |
| 2012 | 10건 | 1,097,000엔 |
| 2013 | 13건 | 1,118,000엔 |
| 2014 | 25건 | 2,262,000엔 |
| 2015 | 18,982건 | 360,514,368엔 |
| 2016 | 23,147건 | 371,680,966엔 |
| 2017 | 39,057건 | 673,896,976엔 |
| 2018 | 122,045건 | 1,698,312,666엔 |
| 2019 | 90,062건 | 1,373,326,048엔 |
| 2020 | 163,351건 | 2,006,752,266엔 |

출처) 총무성

# 5. 스미다구(墨田区) -지역 출신 유명 화가의 작품을 브랜드로 개발

## 가. 스미다구 호쿠사이미술관과 고향납세제도(지역브랜드 전략 스미다 모던)

아이들이 뛰놀 수 있는 스미다 구립공원 한쪽에는 스미다 호쿠사이미술관(墨田区 北斎美術館)이 있다. 호쿠사이미술관은 스미다구에서 태어난 예술가 가쓰시카 호쿠사이(葛飾北斎)의 이름을 딴 미술관이다. 가쓰시카 호쿠사이는 우키요에(浮世繪)를 그린 화가로, 우키요에는 일본 에도시대 사람들의 일상생활·풍경·풍물 등을 그린 풍속화이다. 호쿠사이는 서양 인상주의 화가들에게 영향을 준 것으로 알려져 있다.

호쿠사이미술관은 상설전시회와 기획전시회뿐만 아니라 아이들을 위한 워크숍이나 학예원의 출품 전 수업, 지역과 연계된 이벤트 개최로 항상 새로운 소식을 지역주민에게 알리고 있다. 주민은 이벤트를 설명하는 구청담당자를 호쿠사이 씨라고 친근하게 부르고 있다.

호쿠사이미술관의 건설과 고향납세제도는 밀접한 관계를 맺고 있다.

1988년 스미다구는 '호쿠사이관(가칭)'의 건설을 계획하였으나 1990년대 버블경기의 붕괴로 인한 경기하락으로 건설계획이 중단되었다.

그러나 2006년 도쿄도 스미다구에 세워진 전파탑 도쿄 스카이트리의 건설계획을 계기로 다시 한번 호쿠사이미술관의 건설계획이 검토되었다. 그런데 이번에는 설상가상으로 2011년 동일본 대지진이 발생하여 건설자재 가격이 급등함에 따라 미술관 건설계획은 답보상태에 빠지게 되었다.

2013년부터 시작된 경기회복 분위기 속에서 2014년 스미다 구의회는 재정부담을 최소화하기 위해 미술관 개관비용으로 5억엔의 기부금을 모으기로 의결했다. 스미다호쿠사이기금이 설치되었고, 우선은 스미다구 지역의 기업이나 단체를 중심으로 기부금을 모아 미술관 건물을 착공하였다.

그리고 2015년 4월 고향납세제도를 이용하여 크라우드펀딩을 통해 전국적으로 고향납세 기부금을 모집하기 시작했다. 2016년 10월 고향납세 기부금을 포함하여 총 5억엔의 모금목표가 달성되었고, 호쿠사이미술관은 2016년 11월 개관하였다.

스미다구는 지역브랜드 전략인 '스미다 모던'과 연계하여 답례품 전략을 세웠다. 스미다 모던이란 스미다구의 산업 브랜드력을 국내외에 광고할 목적으로 2009년부터 스미다구에서 시작한 지역 브랜드 전략이다. 주요 사업의 하나인 스미다 모던 브랜드 인증은 스미다 구내에서 만들어진 높은 가치의 상품이나 음식점 메뉴를 발굴하는 프로젝트로, 2010년 브랜드 전략의 시작부터 지금까지 약 200건이 인증을 받았다. 그리고 고향납세 기부 팸플릿에는 '스미다 모던' 인증상품을 답례품으로 게재하고 있다.

## 나. 스미다구 소개

스미다구는 예로부터 사람들에게 사랑받아온 스미다강 옆에 위치한 도쿄도의 구이다. 역사가 깊은 이 지역은 현재도 옛 문화가 짙게 남아 있다. 1733년 처음 개최된 스미다강 불꽃놀이는 매년 7월마다 열리는 축제로 불꽃 제조 상인들이 도라에몽이나 피카츄, 한자 모양을 한 복잡한 불꽃놀이를 선보인다. 이외에도 국기관의 스모대회, 무카이지마의 화류문화, 에도의 전통을 잇는 장인의 기술 등이 있다. 또한 2012년 스미다구에 도쿄 스카이트리가 건설되어 국내외에서 많은 화제를 낳았다. 2016년에는 스미다 호쿠사이미술관을 개관하였다.

스미다구는 '스미다의 꿈 응원 조성사업'을 실시하고 있다. 조성사업은 민간사업자의 프로젝트에 고향납세를 활용한 크라우드펀딩 기회를 제공하여 기부자의 개별적인 응원을 받을 수 있도록 한다. 2021년에는 5개의 프로젝트가 도전하여 12월 말까지 시행되었다.

① '어린이 미래 만들기 프로젝트'는 어린이들에게 스마트폰 앱 개발 강좌를 실시하여 아이들이 자신의 아이디어를 앱을 통해 실현할 수 있도록 도와주는 프로젝트이다.

② '다몬지 교류 농원'은 체험형 농원으로 2020년 3월에 완공되었다. 2021

년에는 이 농원을 환경·방재·복지 장소로 활용하였다. 농원 안에는 휠체어를 타고서도 채소농사를 지을 수 있는 가동형 경작지가 있으며, 아이들에게 반딧불이를 보여줄 수 있는 반딧불이 육성, 도시형 농원을 확장하기 위한 세미나 등도 진행한다.

③ '이동식 놀이터'는 다양한 놀이 소재와 도구를 두어 방과 후나 휴일에 아이와 어른이 함께할 수 있는 환경을 만들어주고자 하는 프로젝트이다.

④ '음악의 힘으로 사람과 도시를 건강하게 프로젝트'는 모든 사람의 마음을 움직일 수 있는 세계공통언어인 음악을 활용하는 것이다. 동영상을 통해 스미다구의 음악 앙상블을 전달하며, 쇼핑몰·상가·철도역에서 악단원이 연주하는 거리 콘서트를 개최한다. 이외에도 세계적인 음악가인 오자와 세이지의 과거 연주음원을 아카이브화한다.

⑤ '방재관광 보자기 프로젝트'는 지역 방재를 담당할 수 있는 인재를 만들기 위해 방재관광 보자기(방재 정보와 관광명소를 나타낸 그림지도)를 이용하여 방재를 쉽게 학습할 수 있도록 한 프로그램이다.

스미다구의 총인구는 27만 1,859명으로 고령자 비율이 낮아서 인구의 자연감소 우려가 없다. 그리고 수도권에 위치해 있어 2018년 국가인구조사에서는 인구가 2,961명 증가한 것으로 발표되었다. 재정력지수도 높다.

## 다. 고향납세 기부금 현황

호쿠사이미술관의 고향납세 기부금 모집 광고에는 다른 지방자치단체와 달리 '즐거운 곳에 참여하세요'라는 공감형 글이 적혀 있다.

호쿠사이미술관 건설에 있어서 고향납세 기부금은 절대적인 역할을 하였다. 그리고 호쿠사이미술관의 성공은 '스미다의 꿈 응원 조성사업'으로 연결되어 2021년에는 5개의 프로젝트가 고향납세 기부에 도전하였다.

스미다구는 답례품과 그 답례품을 보내는 사업을 연계한 점에서 높이 평가되고 있다. 기부자가 호쿠사이미술관이 제시한 기획전 중에 특정 기획전을 선택하고, 그 기획전이 미술관에서 예상한 모금달성액에 도달하면 호쿠사이미술관은 기획전을 열 수 있으며, 고향납세 기부자에게는 기획전 티켓이 송부된다. 고향납세 기부자의 의지에 따라 기획전이 열리는 것이다.

호쿠사이미술관이 개발한 위의 방식은 단지 유명 화가인 호쿠사이의 문화재적 가치에만 의존하지 않고 전국을 대상으로 기부자 모두가 함께 참여할 수 있는 프로그램을 제시했다는 점에서 높이 평가받고 있다.

<표 VI-6> 스미다구 2008~2020년 고향납세 기부금 추이

| 연도 | 건수 | 금액 |
|---|---|---|
| 2008 | 4건 | 1,112,000엔 |
| 2009 | 16건 | 490,000엔 |
| 2010 | 10건 | 1,251,000엔 |
| 2011 | 14건 | 2,436,000엔 |
| 2012 | 57건 | 2,455,000엔 |
| 2013 | 31건 | 7,164,000엔 |
| 2014 | 424건 | 74,179,750엔 |
| 2015 | 3,073건 | 170,005,838엔 |
| 2016 | 3,762건 | 233,098,098엔 |
| 2017 | 4,447건 | 379,515,876엔 |
| 2018 | 2,953건 | 313,801,420엔 |
| 2019 | 5,722건 | 421,054,085엔 |
| 2020 | 8,564건 | 703,112,901엔 |

출처) 총무성

# 6. 구라요시시(倉吉市) – 전통가게의 기술을 브랜드로 개발

## 가. 전통가게의 기술이 빛난다(전통과 현대의 만남으로 구라요시시가 변화한다)

구라요시시에는 국가 중요 전통건조물군 보존지구가 있다. 보존지구인 우치부키 다마가와 지구에는 에도시대 말부터 쇼와시대에 지어진 가옥이나 토장들이 많이 남아 있다.

그리고 생산자의 숙련된 기술과 열의로 만들어진 쌀, 야채, 20세기 배, 수박, 멜론, 고추냉이 등은 수량이나 품질에 있어서도 일본 내에서 손꼽힐 정도이다. 또한 육질이 일본에서 최고라는 돗토리 쇠고기는 맑은 공기와 천혜의 자연환경에서 소를 키워 감칠맛으로 유명하다.

구라요시시의 남부에 위치한 세키가네 온천은 오래전부터 '백금 온천'으로 불리고 있으며 일본 유명 온천 백선에도 선정되었다. 그뿐만 아니라 최근 구라요시시의 인형공장에서는 세련된 사쿠라미쿠 캐릭터 인형이 답례품으로 나와 큰 인기를 얻고 있다.

## 나. 구라요시시 소개

구라요시시는 돗토리현(鳥取県)의 중부에 위치하고 있다. 시의 동부에는 덴진강, 시의 남서부에는 덴진강의 지류인 오가모강이 흐르고 있다. 구라요시시의 중앙부에 우쓰부키산이 있고, 그 북쪽과 두 하천에 끼어 있는 곳에 시가지가 동서로 뻗어 있다.

역사적으로 가마쿠라시대에는 오가모 씨, 무로마치시대에는 야마나 씨가 지배했고 야마나 씨가 쇠퇴한 후 난조 씨의 지배하에 들어갔다. 세키가하라

전투로 난조 씨가 멸망하면서 에도막부의 직할령이 되었고 구라요시번의 지배를 거쳐 돗토리번에 편입되었다.

구라요시시의 총인구는 4만 7,257명이다. 고령자 비율과 아동 비율은 전국 평균 수준이나 2018년 국가인구조사에서 498명이 감소한 것으로 보아 도심으로의 사회적 유출이 계속되고 있는 것으로 판단된다. 지방교부세율은 25.6%로 전국 평균 11.8%를 상회하고 있다.

## 다. 고향납세 기부금 현황

구라요시시의 기부금 실적은 2014년부터 본격화하고 있다. 구라요시시는 국가 중요 전통건조물군 보존지구가 있어 역사가 살아 숨 쉬는 곳이다.

그리고 많은 생산자들이 열의를 가지고 고향납세 특산물 생산에 매진하고

<표 VI-7> 구라요시시 2008~2020년 고향납세 기부금 추이

| 연도 | 건수 | 금액 |
|------|------|------|
| 2008 | 41건 | 2,228,066엔 |
| 2009 | 28건 | 3,617,000엔 |
| 2010 | 58건 | 2,972,500엔 |
| 2011 | 86건 | 4,545,000엔 |
| 2012 | 272건 | 10,514,300엔 |
| 2013 | 2,879건 | 46,768,701엔 |
| 2014 | 16,161건 | 289,010,245엔 |
| 2015 | 28,692건 | 595,580,812엔 |
| 2016 | 28,713건 | 600,714,995엔 |
| 2017 | 21,135건 | 582,441,459엔 |
| 2018 | 22,799건 | 612,672,500엔 |
| 2019 | 23,472건 | 674,192,605엔 |
| 2020 | 20,767건 | 521,655,000엔 |

출처) 총무성

있다. 전통가게에서의 기술뿐만 아니라 구라요시시의 인형공장에서는 현대판 사쿠라미쿠 캐릭터 인형이 답례품으로 나와 기부자들 사이에서 큰 인기를 얻고 있다.

# B. 상품 개발 전략

## 7. 우마지무라(馬路村) - 지역특산물인 유자를 이용한 상품 개발

### 가. 유자마을의 따뜻한 동행(의료진을 위해 유자 드링크 지원)

우마지무라처럼 작은 지방자치단체도 코로나19의 영향으로 일상생활에서의 여러 제약을 참고 견디고 있다. 우마지무라뿐만 아니라 인근지역의 의료 및 간호 현장에서는 긴장상태에서 코로나19에 대응하고 있다.

우마지무라 주민 사이에서는 코로나19와 싸우고 있는 의료진에게 감사의 마음을 전하자는 목소리가 확산되어 우마지무라 마을뿐만 아니라 다른 마을의 의료종사자 500여명에게 우마지무라산 유자꿀·유자음료 그리고 온천 입욕권을 전달하였다.

그리고 우마지무라의 의료진 지원사업에 공감해주는 고향납세 기부자에게 답례품으로 '마시자 우마지무라 드링크'를 한정 수량으로 제작하여 송부하고 있다.

### 나. 우마지무라 소개

우마지무라는 인구 893명이 살고 있는 작은 마을이다. 산과 강으로 둘러싸여 있어 자연의 리듬을 느낄 수 있는 곳으로, 11월이 되면 유자 향기가 마을 전체에 가득하다. 100년이 된 유자 고목이 있으며 마을 곳곳마다 유자를 키우고 있다. 주민들은 유자를 이용하여 유자즙을 만들고 있으며, 초밥과 초무침 등 각종 요리에도 유자를 사용하는 음식문화를 갖고 있다.

우마지무라가 위치해 있는 고치현(高知縣)은 시코쿠(四国)의 4현 중 하나이다. 고치현뿐만 아니라 시코쿠에 있는 많은 지역은 과소지역으로 지정되어 있다. 우마지무라도 과소지역이다. 2018년 국가인구조사에서도 인구가 11명 감소한 것으로 발표되었다. 게다가 고령자의 비율이 39.9%로 전국 평균 27.6%보다 상당히 높은 반면에 아동 비율은 10.5%로 전국 평균 12.4%보다 낮다. 따라서 인구의 자연감소뿐만 아니라 도심으로의 사회적 이동으로 향후에도 인구감소가 우려되는 곳이다. 지방교부세율도 44.3%로 전국 평균인 11.8%보다 상당히 높아 재정력지수가 낮다.


## 다. 고향납세 기부금 현황

우마지무라의 고향납세 기부금 실적은 2015년부터 증가하기 시작하였다. 그리고 2020년에는 1만 2,227건에 달하였다. 이러한 성과는 과소상황에서 탈피하여 마을을 살리기 위한 우마지무라의 노력 때문이라고 볼 수 있다.

일반적으로 인구가 적은 과소상황의 마을에서는 인력의 부족뿐만 아니라 아이디어의 부족으로 고향납세제도를 활용하기 어렵다. 이러한 상황에도 불구하고 우마지무라는 마을의 의료종사자뿐만 아니라 인근 마을의 의료종사자에게도 마을의 특산품인 유자꿀·유자음료 및 입욕권을 전달하는 프로젝트를 진행하였다. 그리고 고향납세 기부자에게 한정 수량의 고향납세 답례품 '마시자 우마지무라 드링크'를 제작하여 송부하고 있다. 국민이 공감할 수 있는 프로그램과 답례품을 만들어서 홍보한 우마지무라의 노력에 고향납세 기부자들이 많은 기부 응원을 보내고 있다.

<표 VI-8> 우마지무라 2008~2020년 고향납세 기부금 추이

| 연도 | 건수 | 금액 |
|---|---|---|
| 2008 | 10건 | 570,000엔 |
| 2009 | 11건 | 907,000엔 |
| 2010 | 8건 | 1,159,000엔 |
| 2011 | 8건 | 1,140,000엔 |
| 2012 | 6건 | 1,090,000엔 |
| 2013 | 8건 | 1,100,000엔 |
| 2014 | 24건 | 1,480,785엔 |
| 2015 | 1,378건 | 24,532,900엔 |
| 2016 | 5,149건 | 66,561,020엔 |
| 2017 | 7,961건 | 94,085,551엔 |
| 2018 | 9,806건 | 113,917,219엔 |
| 2019 | 7,724건 | 117,364,653엔 |
| 2020 | 12,227건 | 154,193,700엔 |

출처) 총무성

## 8. 기타히로시마시(北広島市) - 직판장을 이용하여 지역특산물을 상품으로 개발

### 가. 생산자의 열정(직판장에서 시작하여 그린 투어리즘 형성)

생산자의 열정으로 만들어진 직판장에서는 상품의 매력으로서 맛뿐만 아니라 상품을 즐기는 방법까지 전달하고 있다.

기타히로시마시는 직판장을 상품을 판매하는 장소이자 기타히로시마시의 매력을 전달할 수 있는 장소로 만들고 싶다는 생산자의 희망을 받아들여 직판장을 설치했다. 직판장 내부에는 이벤트 공간을 두었으며, 이벤트는 생산자가 상품에 대해 느끼는 애정을 담아 인터넷상에서 홍보하고 있다.

또한 기타히로시마시는 2017년 녹음이 우거진 농산촌의 자연, 문화 그리고 농업인과 교류할 수 있는 '그린 투어리즘'을 만들었다. 그린 투어리즘에서는 딸기 따기, 농가 레스토랑, 농산물 직판장, 농산물 가공판매소, 농업체험시설, 시민농원, 승마클럽 등 다양한 시설을 투어장소와 연계하고 있으며 농업인들로부터 제품에 대한 설명을 직접 들으면서 시음도 할 수 있도록 하고 있다.

## 나. 기타히로시마시 소개

기타히로시마시는 삿포로시와 신치토세공항 사이에 위치해 있는 자연과 도시 기능이 어우러진 구릉지대 도시이다. 수목과 꽃들이 사계절을 물들이며 야생조류와 작은 동물이 살고 있는 마을로, 윌리엄 스미스 클라크 박사가 "Boys, be ambitious"라는 명언을 남긴 장소이기도 하다.

삿포로까지는 철도로 16분, 신치토세공항까지는 철도로 20분, 그리고 자동차로 홋카이도 각 지역을 쉽게 접근할 수 있는 도시이다.

기타히로시마시의 인구는 5만 8,630명으로 과소지역이 아니다. 그러나 2018년 국가인구조사에서 인구가 198명 감소하였다고 발표하였다. 고령자 비율은 31.3%로 전국 평균 27.6%보다 다소 높고, 아동 비율은 11.5%로 전국 평균 12.4%보다 낮다. 향후 자연감소와 도심으로의 인구 전출이 예상되는 바이다. 지방교부세율은 16.2%로 전국 평균 11.8%보다 약간 높아 재정력이 다소 약하다.

## 다. 고향납세 기부금 현황

2017년부터 고향납세 기부금 실적이 증가하고 있다. 기부금의 증가는 기타 히로시마시의 직판장을 시작으로 한 그린 투어리즘 사업의 성공과 직판장의 개혁에 힘입었다고 판단된다.

직판장에는 다양한 시설이 갖추어져 있으며, 그린 투어리즘에서는 농업인 들이 애정을 가지고 직접 생산품에 대한 설명을 곁들인다. 이러한 생산자들의 노력이 전국 고향납세 기부자의 공감을 얻고 있다.

<표 VI-9> 기타히로시마시 2008~2020년 고향납세 기부금 추이

| 연도 | 건수 | 금액 |
|---|---|---|
| 2008 | 5건 | 1,640,000엔 |
| 2009 | 5건 | 170,000엔 |
| 2010 | 8건 | 1,470,000엔 |
| 2011 | 6건 | 1,480,000엔 |
| 2012 | 6건 | 15,270,000엔 |
| 2013 | 8건 | 1,960,000엔 |
| 2014 | 11건 | 3,088,100엔 |
| 2015 | 11건 | 24,792,568엔 |
| 2016 | 11건 | 2,094,000엔 |
| 2017 | 1,778건 | 28,374,389엔 |
| 2018 | 2,577건 | 51,877,751엔 |
| 2019 | 7,015건 | 123,764,000엔 |
| 2020 | 14,686건 | 275,865,000엔 |

출처) 총무성

# 9. 나가시마쵸(長島町)-지역특산품인 수산물을 이용한 상품 개발

## 가. '섬의 진수성찬' 건강한 고향 사자섬! 백년어부의 이야기(도미로 만든 생선된장)

육지에서 떨어진 사자섬에서는 주민의 고령화와 후계자의 부족으로 어선들이 자취를 감추고 있고 청년의 유출이 계속되고 있다. 이런 사자섬을 다시 한번 건강하게 만들고 싶다는 희망으로 섬의 매력을 전달하고 있는 백년가업 3대 어부의 이야기!

어부 야마시타 히데키 씨가 1919년부터 운영하고 있는 '섬의 진수성찬'은 사자섬의 인구감소로 어려움에 빠졌다. 어떻게든 상황을 변화시키고 사자섬을 활기차게 만들자는 의지하에 섬에 대한 뜨거운 열정으로 아직까지 알려지지 않은 섬의 매력과 먹거리를 찾아서 알리고자 했다.

섬 주민과 백년어부는 나가시마쵸의 특산품인 김과 톳을 사용한 절임 그리고 도미 본래의 단맛을 느낄 수 있게 한 생선된장을 상품화하였다. 그리고 바다 수상레저사업도 본격화하고 있다.

## 나. 나가시마쵸 소개

나가시마쵸는 가고시마현의 북쪽에 위치한 섬들로 이루어진 마을이다. 장도(90.57㎢), 이당도(3.05㎢), 제포도(3.87㎢), 사자섬(17.04㎢)처럼 사람이 살고 있는 4개의 섬 이외에도 크고 작은 23개의 무인도로 이루어져 있다. 총면적은 116.2㎢로 북부 일대는 운젠아마쿠사 국립공원에 속해 있다.

산업은 1차 산업이 중심이지만, 규슈 본섬과 구로노세토대교가 개통된 후에는 관광업이 발전하고 있다. 바다에서는 백합·미역·청어·방어 등의 양식을 비롯하여 근해에서 잡히는 풍부한 해산물과 특유의 적토에서 수확되는 감자, 감귤류와 고기가 유명하다.

2006년 9월 나가시마쵸는 마을의 꽃을 수선화로 정하고 마을의 나무를 동백나무로 지정했다. 그리고 2007년 3월 주민 의견을 바탕으로 나가시마쵸의 풍요로운 바다와 산, 역사적인 문화유산을 가꾸고 지키기 위해 '나가시마쵸 고향경관조례'를 시행하였다.

나가시마쵸는 경관 조성을 위해 ① 꽃과 녹음이 우거진 마을 조성 ② 운젠 아마쿠사 국립공원의 경관 지키기 운동 추진 ③ 동중국해의 석양, 구로노세토 소용돌이, 이도의 섬들, 양식사업, 풍력발전용 풍차, 전망공원의 조성 ④ 자연친화적인 수질환경 보전 ⑤ 석축을 이용한 도로 만들기 ⑥ 주민 참여형 도로변만들기 ⑦ 깊은 산의 풍경을 매력적으로 개선한 경관 만들기 등 7가지 지향목표를 정하였다. 그리고 나가시마쵸 고향경관기부조례에 근거하여 고향납세 기부를 받고 있다.

나가시마쵸는 과소지역이다. 총인구는 1만 529명으로 2018년 국가인구조사에서는 100명이 감소하였다. 고령자 비율은 35.1%로 전국 평균 27.6%보다 높은 반면에 아동 비율은 13.9로 전국 평균 12.4%를 상회해 인구의 자연감소율은 낮으나 도심으로의 인구 유출이 계속되고 있다. 지방교부세율도 전국 평균 11.8%보다 높은 39.6%로 재정력지수가 낮다.

## 다. 고향납세 기부금 현황

나가시마쵸는 꾸준하게 고향납세 기부금을 성장시키고 있다. 과소지역이라는 점에서 인력 부족이 있음에도 불구하고 마을을 살리고자 하는 나가시마쵸의 노력과 섬 주민의 힘으로 고품질의 답례품이 각지에 전달되고 있다.

그리고 규슈 본섬과 구로노세토 대교가 개통되면서 관광업에 대한 기대가 높아진 점도 고향납세 기부금이 증가한 배경이 되고 있다고 판단된다.

<표 VI-10> 나가시마쵸 2008~2020년 고향납세 기부금 추이

| 연도 | 건수 | 금액 |
|------|------|------|
| 2008 | 108건 | 3,255,000엔 |
| 2009 | 98건 | 2,680,000엔 |
| 2010 | 89건 | 1,950,000엔 |
| 2011 | 57건 | 1,990,200엔 |
| 2012 | 185건 | 2,856,000엔 |
| 2013 | 163건 | 3,342,000엔 |
| 2014 | 2,419건 | 15,953,000엔 |
| 2015 | 11,496건 | 76,639,000엔 |
| 2016 | 19,467건 | 187,129,100엔 |
| 2017 | 30,318건 | 323,801,658엔 |
| 2018 | 12,763건 | 206,248,000엔 |
| 2019 | 15,194건 | 228,952,000엔 |
| 2020 | 37,174건 | 412,740,000엔 |

출처) 총무성

# 10. 엔베쓰쵸(遠別町)-지역 농업고등학교를 이용한 상품 개발

## 가. 홋카이도 농업을 짊어질 엔베쓰 농업고등학교 살리기(스마트 농업교육으로 입학생 늘리기)

1952년에 창립된 홋카이도 엔베쓰쵸의 유일한 고등학교인 엔베쓰 농업고등학교는 농업 후계자를 육성하고 있다.

그러나 2015년 엔베쓰 농업고등학교의 입학자 수는 현저하게 감소하여 14명에 그쳤다. 존폐 위기에 놓인 엔베쓰 농업고등학교는 어려운 상황을 돌파하기 위해 고향납세 답례품으로 사용할 수 있는 가공품을 만드는 등 노력을 기울이고 있다.

엔베쓰 농업고등학교는 홋카이도의 농업을 존속시키기 위해서 반드시 있어야만 하고, 엔베쓰 지역의 활력을 위해서도 꼭 필요한 학교이다. 학교와 엔베쓰쵸는 엔베쓰 농업고등학교의 존속을 위해 힘을 합치고 있다. 엔베쓰 농업고등학교는 2015년부터 스마트 농업교육으로 드론 프로젝트를 시작함과 동시에 동 프로젝트를 고향납세 크라우드펀딩으로 사업화하고 있다. 또한 다른 지역 출신의 입학자를 늘리기 위해 기숙사를 증설하고 있다. 이러한 노력은 2018·2019년에 신입생이 급증하는 성과로 나타났다.

## 나. 엔베쓰쵸 소개

일본 최북단 홋카이도에 위치한 찹쌀 생산지인 엔베쓰쵸는 인구 2,692명의 작은 마을이다.

엔베쓰 농업고등학교는 양의 사육·가공·판매(6차 산업), 쌀과 야채의 생산·판매, 꽃원예를 연구하는 학교이다. 엔베쓰 농업고등학교는 농업 전문학교로서의 의미뿐만 아니라 마을의 유지에 있어서도 매우 중요한 시설이다.

고향납세 기부금은 농업고등학교의 존속을 위해 활용되고 있고, 학교에서도 답례품을 개발하여 마을과 학교가 상호 발전하는 활동을 하고 있다. 농업고등학교의 입학자 수는 2015년 14명에서 2016년 16명, 2017년 18명, 2018년 26명, 2019년 22명, 2020년 20명으로 평균적으로 20명을 유지하고 있다.

엔베쓰쵸는 현재 과소지역으로 지정된 상태이다. 고령자 비율은 39.5%로 전국 평균 27.6%보다 높고 아동 비율은 10.2%로 전국 평균 12.4%에 비해 낮아 앞으로도 인구의 자연감소가 예상되고 있다. 2018년 국가인구조사에서도

26명이 감소한 것으로 발표하였다. 지방교부세율은 전국 평균을 상당히 상회한 약 50%로 재정력지수가 낮다.

## 다. 고향납세 기부금 현황

고향납세 기부금 실적은 2015년부터 증가하고 있다. 엔베쓰 농업고등학교를 존속시키고자 하는 학교와 학생 그리고 마을주민의 간절한 노력이 성과를 보인 것이다. 그리고 농업고등학교의 존속을 내건 크라우드펀딩이 효과를 발휘하고 있다.

<표 VI-11> 엔베쓰쵸 2008~2020년 고향납세 기부금 추이

| 연도 | 건수 | 금액 |
|------|------|------|
| 2008 | 0건 | 0엔 |
| 2009 | 12건 | 2,604,000엔 |
| 2010 | 6건 | 440,000엔 |
| 2011 | 8건 | 3,590,000엔 |
| 2012 | 8건 | 1,150,000엔 |
| 2013 | 10건 | 2,155,000엔 |
| 2014 | 490건 | 6,594,000엔 |
| 2015 | 8,722건 | 130,262,934엔 |
| 2016 | 7,653건 | 130,619,668엔 |
| 2017 | 8,357건 | 140,497,871엔 |
| 2018 | 5,537건 | 84,891,000엔 |
| 2019 | 7,680건 | 111,254,000엔 |
| 2020 | 6,230건 | 91,524,500엔 |

출처) 총무성

# 11. 기타카미시(北上市)-특산품 송달을 전담하는 중간사업 자를 활용한 상품 개발

## 가. 중간사업자의 지역 유통을 개척하다(기타카미 초이스의 도약)

기타카미시는 2014년부터 고향납세 기부자에게 특산품 송부를 전담하는 중간사업자 만들기를 계획하였고, 이 사업은 2016년 발족한 기타카미 관광컨벤션협회 소속의 '기타카미 초이스'를 통해 진행하고 있다.

기타카미 초이스는 지역 중소사업자의 판로 개척, 지역 일자리의 창출, 지역의 소득향상, 지역의 생활보호자 지원을 담당하는 조직이다. 기타카미 초이스는 민간 주도의 '마을을 판매하는 팀'을 신설한 후에 기획력과 마케팅을 겸비한 지역상사인 주식회사 기타카미시를 설립하여 현재 활동 중이다.

## 나. 기타카미시 소개

기타카미시는 이와테현(岩手県)의 중앙부에 위치하고 있다. 기타카미분지가 있으며 기타카미강과 와가강이 합류하는 곳이다. 또한 8개의 공업단지와 약 300개의 현지회사가 입지하고 있어서 제조품 출하액만으로는 이와테현에서 두 번째로 높다.

일본의 '살기 좋은 도시' 평가에서도 이와테현 내에서 8년 연속 1위를 차지하고 있으며 농업과 공업이 균형 잡힌 도시로도 주목받고 있다. 그리고 여러 민속예능이 전승되고 있는데, 그중에서도 귀검무(鬼劍舞)가 가장 인기가 있다. 귀검무의 기원은 1300년 전으로 거슬러 올라갈 정도로 역사가 깊다. 12개 귀검무 단체가 활동하고 있으며, 이 중 2곳은 국가지정 중요무형민속문화재로 인정받았다.

기타카미시의 총인구는 9만 2,742명이다. 고령자 비율과 아동 비율은 전국 평균 수준으로 자연감소 우려는 없으나 2018년 국가인구조사에서 169명이 감소한 것으로 나타나 도심으로의 사회적 인구 이동이 계속되고 있다고 판단된다. 지방교부세율은 17%로 전국 평균 11.8%를 상회하고 있다.

## 다. 고향납세 기부금 현황

기타카미시의 고향납세 기부금은 2014년부터 상승하고 있다. 2016년 기타카미 초이스의 신설, 지역상사인 주식회사 기타카미시의 설립 등 고향납세 사업을 추진한 노력이 이루어낸 성과라고 볼 수 있다.

<표 VI-12> 기타카미시 2008~2020년 고향납세 기부금 추이

| 연도 | 건수 | 금액 |
|---|---|---|
| 2008 | 33건 | 2,243,000엔 |
| 2009 | 27건 | 46,722,000엔 |
| 2010 | 46건 | 2,956,057엔 |
| 2011 | 50건 | 4,286,000엔 |
| 2012 | 46건 | 4,022,000엔 |
| 2013 | 56건 | 2,932,000엔 |
| 2014 | 12,531건 | 139,767,017엔 |
| 2015 | 38,320건 | 570,478,409엔 |
| 2016 | 47,031건 | 723,410,000엔 |
| 2017 | 53,065건 | 1,020,998,475엔 |
| 2018 | 41,952건 | 851,656,331엔 |
| 2019 | 95,972건 | 1,645,118,165엔 |
| 2020 | 97,567건 | 1,684,870,672엔 |

출처) 총무성

## 라. 기타카미 고향납세 기부조례

기타카미시는 아름다운 자연의 혜택을 받은 도시이다. 벚꽃이 만발한 전통적인 벚꽃길과 청초한 아름다움과 생명력이 빛나는 백합이 피어나는 자연환경 속에서 선조들이 가꾸어온 전통과 문화를 계승하고 있으며, 편리한 교통망을 활용하여 농업·공업·상업이 균형 있게 발전하고 있다.

고향 기타카미의 발전을 바라는 향토 출신의 사람들을 비롯하여 기타카미시를 응원하려는 사람이 기부로 마을 조성에 참가할 수 있도록 이 조례를 제정한다.

**제1조(목적)** 이 조례는 기타카미시를 생각하고 응원하려는 사람으로부터 널리 기부금을 모집하여 활력 있는 마을 만들기를 실현하는 것을 목적으로 한다.

**제2조(사업)** 전조의 목적을 달성하기 위하여 실시하는 도시조성사업은 다음과 같다.

(1) 물과 녹음이 우거진 아름다운 환경을 지키는 사업

(2) 어린이와 노인이 안전하고도 평온하게 살 수 있는 사업

(3) 장래를 짊어질 인재를 육성하는 사업

(4) 문화와 민속 활동을 응원하는 사업

(5) 산업활동의 응원, 활력이 넘치는 도시 만들기 사업

(6) 기타 시장이 필요하다고 인정한 사업

**제3조(용도의 지정)** ① 기부자는 기부금에 의한 마을 만들기 사업 중 하나를 선택하여 기부할 수 있다.

② 시장은 기부자가 도시조성사업을 지정하지 않은 때에는 전조 중 하나의 사업에 충당한다.

**제4조(용도의 공표)** 시장은 이 조례에 의한 기부금의 용도에 관하여 매년 공표한다.

**제5조(보칙)** 이 조례의 실시에 관하여 필요한 사항은 시장이 별도로 정한다.

# C. 아이디어 개발 전략

## 12. 규슈시(九州市)-거버먼트 크라우드펀딩 아이디어 개발

### 가. 코로나19로 바뀐다·바꾼다(고향납세제도를 활용하고자 한 규슈시의 변화, 크라우드펀딩)

고향납세제도는 코로나19 상황에서 진가를 발휘하고 있다.

몇 해 전까지만 해도 규슈시의 고향납세 기부 건수와 금액은 부진하였다. 규슈시 직원들은 이러한 상황을 타개하기 위해 신상품의 개발과 함께 코로나19 대책에 관한 거버먼트 크라우드펀딩(Government Crowd Funding, GCF)을 시작하였다. 그 결과 2020년도 기부건수는 6만 5,000건, 기부금액은 12억엔을 달성하였다.

규슈시는 지금까지 고향납세에 관한 업무를 중개사업자에게 위탁하였다. 사업 실시 후에 중개사업자로부터 성과를 보고받는 시스템이었기에 답례품의 생산자와 규슈시와는 직접적인 관계가 없었다. 그러나 생산자와 직접적인 신뢰관계 없이는 부진한 상황을 개선하기 어렵다는 판단하에 2018년부터 답례품의 주문 처리는 중개사업자에게 위탁하고, 답례품의 발굴과 홍보 작업은 규슈 지역 출신인 시청 직원이 직접 실시하도록 시스템을 변경하였다.

규슈시 직원들은 발로 뛰어다니며 생산자를 만났다. 경우에 따라서는 생산자에게 컴퓨터 조작방법을 가르쳐주는 등의 소통관계를 만들어서 생산자와 적극적인 교류를 시작하였다. 생산자와의 신뢰관계가 돈독해지면서 규슈 지역의 답례품은 변화하였다. 물건을 직접 제조할 수 있는 규슈시의 장점을 살려 부품이나 금형 가공업을 하는 생산자와 팀을 이뤄 아웃도어 캠핑용품을 개발하는 등 세련된 답례품을 만들었다.

다른 한편으로 규슈시는 코로나19 대책 기부 프로그램으로 고향납세 사이트를 통해서 크라우드펀딩을 시작하였다. 크라우드펀딩은 단기간에 성과를 나타내 전국 기부자로부터 2020년 5월 15일부터 8월 13일까지 91일간 약 7,400만엔(약 7억 5,000만원)의 고향납세 기부금을 모았다.

## 나. 거버먼트 크라우드펀딩

### 1) 거버먼트 크라우드펀딩이란?

거버먼트 크라우드펀딩은 고향납세 시스템과 크라우드펀딩 방식을 결합한 프로그램이다.

특정 목적 달성을 위해 많은 사람들이 금전이나 물건으로 응원하는 크라우드펀딩 방식을 고향납세제도에 적용한 것이다. 크라우드펀딩의 실행자는 지방자치단체이며 지방자치단체가 제시한 특정 목적에 사용될 투자금은 고향납세 기부금으로 조성한다.

### 2) 거버먼트 크라우드펀딩의 특징

일반 크라우드펀딩과 고향납세제도를 이용한 거버먼트 크라우드펀딩은 다르다.

일반 크라우드펀딩은 창의적인 아이템을 가진 기업가가 온라인 중개업자의 온라인 플랫폼을 활용하여 다수의 소액투자자로부터 초기 자금을 조달받는다. 창의적인 아이템이 사업화하기까지는 상당한 시간이 소요되기 때문에 다수의 소액투자자를 보호할 수 있는 법적 규제가 중시된다.

고향납세제도를 이용한 거버먼트 크라우드펀딩은 ① 지방자치단체가 기획자로 코로나19·재해대책·육아·교육 등 특정 목적을 프로젝트화하며 ② 프로젝트화된 투자사업의 수익을 투자자에게 돌려줄 필요가 없으며 마찬가지로 투자금인 고향납세 기부금은 전액 세금 공제를 받는다. ③ 다만, 투자자가 기대하는 성과를 공개(홍보)하지 않으면 향후에 다른 사업을 크라우드펀딩 방식으로 모집하기 어려워진다. 일반 기업가와 달리 지방자치단체는 단체 운영에 있어 많은 과제를 안고 있기 때문에 거버먼트 크라우드펀딩의 전략 수립에 있어 신중을 기할 필요가 있다.

그리고 통상의 고향납세제도와 거버먼트 크라우드펀딩도 다르다.

통상의 고향납세제도라면 기부자는 답례품의 종류와 내용에 중심을 두고 기부처인 지방자치단체를 선택한다. 이에 반해 거버먼트 크라우드펀딩은 기부금의 사용목적이 중심이다. 지방자치단체가 크라우드펀딩의 형식으로 제시하는 '특정 기부금의 사용처'를 중요하게 생각하여 지방자치단체를 선택하는 점이 특징이다.

## 다. 규슈시 소개

후쿠오카현 규슈시는 바다를 사이에 두고 일본 본토와 떨어져 있어서 규슈지역의 현관 역할을 하는 시이다. 바다와 도시 생활을 함께 누릴 수 있는 곳으로, 규슈시는 육아하기 좋은 도시로 10년 연속 1위를 차지했을 뿐 아니라 어른들이 살고 싶은 도시 순위에서도 전국 1위를 한 곳이다.

규슈시는 지역 안에서 가공되고 제조된 물품뿐만 아니라 특산 쇠고기, 장어, 대게 등 농수산물도 전국적으로 인기가 높다.

규슈시의 인구 변동과 지방교부세율을 살펴보면 다음과 같다. 인구는 95만 5,935명으로 인구밀도가 다른 도시보다 높은 편이나 2018년 국가인구조사에서는 인구가 5,089명 감소한 것으로 발표되었다. 고령자 비율이 30.2%로 전국 평균 27.6%보다 다소 높으나 아동 비율이 12.5%로 전국 평균 12.4%와 거의 같은 수준이므로 인구의 자연감소 우려는 없다. 그러나 2018년의 수치로 볼 때 수도권으로의 인구 유출이 많은 것으로 판단된다. 다만, 지방의 큰 도시인 만큼 지방교부세율이 9.7%로 전국 평균 11.8%보다도 낮아 재정력이 있다.

### 라. 고향납세 기부금 현황

규슈시의 고향납세 기부금 실적은 2018년부터 증가하기 시작하였고 2020년에는 6만 5,474건으로 크게 늘었다. 2018년 기부금 실적이 늘어난 이유는 고향납세의 운영을 전적으로 중개사업자에게 위탁했던 방식을 규슈시에서 직접 담당하기 시작하면서 소비자의 선호에 대응한 답례품 전달이 가능하게 되었기 때문으로 판단된다.

2020년에는 코로나19 대응 프로그램을 크라우드펀딩을 이용하여 실시함으로써 기부금 실적이 비약적으로 성장하였다.

일반적으로 광역자치단체나 큰 도시의 경우는 고향납세제도의 취지상 기부금 실적이 평균보다 낮은 것이 보통이나 규슈시는 시민이 공감할 수 있는 프로그램을 만들어 성과를 이루어냈다는 점에서 많은 지방자치단체의 주목을 받았다.

<표 VI-13> 규슈시 2008~2020년 고향납세 기부금 추이

| 연도 | 건수 | 금액 |
|---|---|---|
| 2008 | 76건 | 3,273,000엔 |
| 2009 | 37건 | 4,347,000엔 |
| 2010 | 36건 | 1,389,000엔 |
| 2011 | 38건 | 1,657,000엔 |
| 2012 | 45건 | 4,324,100엔 |
| 2013 | 845건 | 18,006,736엔 |
| 2014 | 3,710건 | 56,007,623엔 |
| 2015 | 4,068건 | 77,829,208엔 |
| 2016 | 2,931건 | 66,935,000엔 |
| 2017 | 1,667건 | 36,813,175엔 |
| 2018 | 11,037건 | 197,778,518엔 |
| 2019 | 26,438건 | 498,161,796엔 |
| 2020 | 65,474건 | 1,200,666,242엔 |

출처) 총무성

## 13. 사카이시(坂井市) - 주민이 사용처를 제안하고 결정하는 '기부시민 참가제도' 아이디어 개발

### 가. 맛있는 고시히카리의 고장 사카이시(기부시민 참가제도를 활성화하고자 하는 담당자 사명)

고향납세 담당자는 답례품의 제공뿐만 아니라 고향납세 기부금을 어떻게 활용할지, 그리고 신설된 사업을 계속해서 책임지고 추진하는 일이 가장 중요한 사명이다.

사카이시는 2008년부터 주민이 고향납세 기부금의 사용처를 제안하고 결정하는 기부시민 참가제도를 시행하고 있다.

시민의 제안사업을 보다 많이, 보다 넓게, 보다 빠르게 실현해나가기 위해 사카이시는 프로젝트팀을 만들어 사업을 전개하고 있다. 현재는 장학금 지원 사업, 방범카메라 설치사업 등 연간 1억엔 규모의 사업을 10건 이상 실시하고 있다.

## 나. 기부시민 참가제도

### 1) 사카이시 기부시민 참가제도

사카이시에서는 시민을 대상으로 기부금의 사용처를 공모하고 있다. 기부금 사용처의 선택도 고향납세제도의 매력 중 하나라는 발상에서 시작한 방안이다.

구체적으로는 ① 조례에서 규정한 정책에 대해 시민을 대상으로 사업을 공모하고 ② 사카이시의 기부시민 참여기금 검토위원회에서 공모받은 사업 중 실시사업을 결정하여 고향납세 기부금을 모집하고 ③ 목표액에 도달한 사업부터 실시하고 있다.

### 2) 대상사업

① 협동마을 조성에 관한 사업

② 지역자원의 매력 향상 사업

③ 지역복지의 내실화 및 건강증진사업

④ 남녀 공동참가 사회추진사업

⑤ 산업 및 관광 진흥 사업

⑥ 안전하고 안심할 수 있는 대책 마련 사업

⑦ 자연과 환경보전에 관한 사업

⑧ 육아와 교육의 내실화에 관한 사업

⑨ 역사의 전승 및 문화와 스포츠 진흥에 관한 사업

⑩ 시장이 특히 필요하다고 인정하는 사업

## 3) 효과

고향납세를 통해 재원을 확보함으로써 지방세와는 다른 방식으로 자체 재원 확보가 가능하며, 도시로 이주한 출향자가 지역을 응원할 수 있게 하고, 또한 마을 조성에 있어서 주민의 자치의식과 협동의식을 고양할 수 있다.

## 다. 사카이시 소개

후쿠이현 북부에 있는 사카이시는 후쿠이현에서 가장 큰 곡창지대인 사카이평야가 위치한 곳에 자리 잡고 있다. 그리고 세계적으로 유명한 쌀 품종인 고시히카리를 개발한 이시즈미 박사의 고향이기도 하다.

사카이시는 쌀뿐만 아니라 쇠고기·새우·락교·소바·유부 등도 맛있기로 이름나 있으며, 옷감 직조기술도 발달되어 있다.

또한 명승지인 동심방(東尋坊)으로 대표되는 해안선이 유명하며, 일본에서 가장 오래된 천수각인 마루오카성(丸岡城) 등이 전국적으로 알려져 있다.

사카이시의 인구는 9만 2,004명으로 과소지역이 아니다. 그러나 2018년 국가인구조사에서는 인구가 504명 감소한 것으로 발표하였다. 고령자 비율이 27.4%로 전국 평균 27.6%와 비슷하고 아동 비율도 13.3%로 전국 평균 12.4%보다 높은 상태이므로 인구의 자연감소가 우려되지는 않으나 도심지로의 사회적 인구 유출이 염려되는 상황이다. 지방교부세율은 17.8%로 전국 평균 11.8%보다 높은 편이라서 재정력은 다소 약하다.

## 라. 고향납세 기부금 현황

고향납세 기부금 실적은 2017년부터 급격히 증가하고 있다. 사카이시는 2008년 고향납세제도가 시작할 때부터 기부시민 참가제도를 도입하여 기부금 사용처를 결정하고 있다는 점이 특징이다.

또한 전국적으로 유명한 쌀 품종인 고시히카리가 개발된 곳이기도 하며 바다에 인접해 있어 맛있고 품질 좋은 답례품을 전달할 수 있는 지역이다.

<표 VI-14> 사카이시 2008~2020년 고향납세 기부금 추이

| 연도 | 건수 | 금액 |
|---|---|---|
| 2008 | 42건 | 8,232,799엔 |
| 2009 | 36건 | 3,275,415엔 |
| 2010 | 41건 | 12,235,462엔 |
| 2011 | 32건 | 2,117,910엔 |
| 2012 | 41건 | 2,528,484엔 |
| 2013 | 49건 | 3,442,699엔 |
| 2014 | 44건 | 2,810,567엔 |
| 2015 | 64건 | 3,969,000엔 |
| 2016 | 65건 | 5,298,000엔 |
| 2017 | 15,376건 | 452,713,500엔 |
| 2018 | 21,284건 | 553,024,361엔 |
| 2019 | 34,918건 | 883,438,426엔 |
| 2020 | 69,186건 | 1,291,662,153엔 |

출처) 총무성

## 마. 사카이시 기부에 의한 시민참여조례

사카이시는 하늘에서 바라보면 '心'이라는 글자 모양으로 보이는 데서 알수 있듯이 '사람과 사람의 마음이 서로 통하는 따뜻한 도시'를 지향한다. 사카이시는 시민과 협동하는 마을 조성으로 누구나 살기 좋고 풍요로운 사회를 실현하기 위해 매력과 활력을 갖춘 도시로서 발전하고자 노력하고 있다.

사카이시는 시민이 자부심을 갖고 시정 운영에 참여한다는 관점에서 기부를 통한 시민참여형 사회를 구축하기 위하여 시민참여조례를 정한다.

**제1조(목적)** 이 조례는 시민이 사카이시가 시행하는 사업에 대한 의지를 표명하고, 그 사업에 대하여 기부함으로써 긍지를 갖고 시정운영에 참여하는 것을 목적으로 한다.

**제2조(시책)** 이 조례의 기부대상 시책은 다음과 같다.

(1) 도시 조성

(2) 지역자원의 매력 향상

(3) 지역복지의 내실화 및 건강증진

(4) 남녀 공동참여 사회 추진

(5) 산업 및 관광 진흥

(6) 안전·안심 대책

(7) 자연 및 환경 보전

(8) 육아·교육의 내실화

(9) 역사의 전승, 문화 및 스포츠의 진흥

(10) 전 각호에 열거된 것 이외에 시장이 특히 필요하다고 인정한 것

**제3조(대상 사업)** 전조의 시책에 관한 구체적인 사업은 규칙으로 정한다.

**제4조(기부금의 사용처 지정)** ① 기부자는 대상사업 중에서 자신의 기부금을 재원으로 실시할 사업을 사전에 지정한다.

② 이 조례에 따라 모금한 기부금 중 전항에 의한 사업 지정이 없는 경우는 시장이 사업을 지정할 수 있다.

**제5조(기부 수수 거부 및 기부금의 반환)** 시장은 다음 각호의 어느 하나에 해당하는 경우에는 기부의 수수를 거부하거나 수수한 기부금을 반환할 수 있다.

(1) 공서양속에 반하는 경우

(2) 해당 기부에 관하여 도급 및 기타 특별한 이익공여를 요구받았다고 인정될 경우

(3) 공직선거법(1950년 법률 제100호) 제199조의2에 위반된다고 인정되는 경우

(4) 전 각호에 정한 것 외에 시장이 특별히 기부를 받지 않겠다고 결정한 경우

**제6조(기금의 충당)** ① 시장은 제4조 제1항에서 지정한 사업을 실시할 경우에는 '사카이시 기부시민 참여기금조례'에 근거한 사카이시 기부시민참여기금을 해당 사업에 충당한다.

② 시장은 지정된 사업을 실시할 수 없다고 인정할 경우에는 다른 사업에 기금을 충당할 수 있다.

③ 시장은 사업을 달성하기 위하여 필요하다고 인정된 비용을 기금으로 충당할 수 있다.

**제7조(위임)** 이 조례의 시행에 관하여 필요한 사항은 시장이 따로 정한다.

# 14. 야쓰시로시(八代市)-담당 공무원이 석조문화를 활용한 아이디어 개발

## 가. 고향납세와 석조문화의 결합(야쓰시로 석공들의 궤적! 석공의 향이 살아 숨 쉬는 석조 유산)

3년 전 주민센터 내의 인사이동으로 침울해 있던 나에게 친구는 "고향납세 일이 너의 적성에 맞을 거라고 생각해"라고 말해주었다. '고향납세 일이 나에게 맞는다고?' 이 말을 들은 후 나름대로 고향납세제도를 공부하기 시작했고 언젠가는 고향납세 업무를 맡고 싶다고 생각하기 시작하였다. 그리고 마침내 올해 인사이동이 있었고 관광진흥과로 이동해 고향납세 업무를 담당하게 되었다.

고향납세 업무는 생각했던 것보다 여러 가지 프로세스가 복합된 업무였다.

먼저 공무원인 상사의 이해가 매우 중요하다. 그리고 특산품의 선택에 있어서도 야쓰시로시의 특산품뿐만 아니라 아직까지 전국적으로 알려져 있지 않지만 고향납세의 답례품으로 선정할 수 있는 상품도 있다. 이 경우 생산자와의 관계도 상당히 중요하다. 또한 지역주민과 고향납세 업무를 공유하는 작업도 필요하다.

한편, 야쓰시로시에는 예전부터 석공집단이 있어서 지금도 시내에 있는 안경다리, 성의 돌담, 간척지의 제방 등에서 석조문화를 즐길 수 있다. 2020년 '야쓰시로를 창조한 석공들의 궤적! 석공의 향이 숨 쉬는 석조의 유산'이 일본유산으로 인정받았다. 야쓰시로시의 석조문화가 일본유산으로 인정받음으로써 고향납세 업무에 좋은 영향을 주고 있다.

## 나. 야쓰시로시 소개

야쓰시로시는 구마모토현(熊本県)에서 두 번째로 인구가 많은 전원공업도시이다. 유명한 급류인 구마강과 후지카해의 삼각주 지대에 야쓰시로시의 시가지가 있기에 야쓰시로시의 발전은 간척사업의 역사이기도 하다.

간척지에서는 특산품인 골풀·만백유가 생산되고 있다. 골풀은 다다미로 사용되는데, 야쓰시로시는 일본에서 골풀을 가장 많이 생산하는 곳으로, 국산 골풀의 95% 이상이 야쓰시로시에서 나고 있다. 현재도 골풀 장인의 역사는 계속되고 있으며 다다미뿐만 아니라 침석·고양이집·짚신 등 다양한 제품의 원재료로 이용되고 있다.

야쓰시로시는 과소지역으로 지정되어 있다. 총인구는 12만 8,001명이며 아동 비율은 12.2%로 전국 평균 12.4% 수준이고, 고령자 비율은 33%로 전국 평균 27.6%보다 조금 높으나 인구의 자연감소는 우려되지 않는다. 그러나 2018년 국가인구조사에서 1,028명이 감소한 것으로 나타나 야쓰시로시의 인구가 대규모 도시로 유출되고 있음을 알 수 있다. 지방교부세율도 26.4%로 전국 평균 11.8%를 웃돌고 있다.

## 다. 고향납세 기부금 현황

야쓰시로시의 고향납세 실적은 2015년부터 늘어나고 있다. 특히 2020년 고향납세 기부건수 및 기부금이 크게 늘었다. 2020년 야쓰시로 시내의 안경다리, 성의 돌담, 간척지의 제방 등 석조유산이 일본유산으로 인정받은 노력이 고향납세 기부를 증대시키고 있다고 판단된다. 이에 야쓰시로시에서는 새로운 답례품 개발에 박차를 가하고 있다.

<표 VI-15> 야쓰시로시 2008~2020년 고향납세 기부금 추이

| 연도 | 건수 | 금액 |
|---|---|---|
| 2008 | 24건 | 2,680,000엔 |
| 2009 | 29건 | 1,970,000엔 |
| 2010 | 24건 | 1,270,000엔 |
| 2011 | 22건 | 3,220,000엔 |
| 2012 | 39건 | 6,912,000엔 |
| 2013 | 44건 | 3,302,000엔 |
| 2014 | 57건 | 5,229,000엔 |
| 2015 | 1,395건 | 43,075,010엔 |
| 2016 | 10,593건 | 246,686,081엔 |
| 2017 | 7,091건 | 171,910,929엔 |
| 2018 | 13,204건 | 296,709,104엔 |
| 2019 | 12,380건 | 361,427,000엔 |
| 2020 | 101,256건 | 1,258,662,803엔 |

출처) 총무성

## 라. 고향 야쓰시로 활력 만들기 응원기금조례

**제1조(설치)** 고향 야쓰시로를 응원하고 싶은 개인이 기부한 고향납세 기부금을 재원으로 본 시의 건강한 도시조성사업을 추진하기 위해 고향 야쓰시로 활력조성 응원기금을 설치한다.

**제2조(사업의 구분)** 전조의 활력 있는 도시조성사업의 종류는 다음과 같다.

(1) 어린이 미래 만들기 사업

(2) 건강도시 만들기 사업

(3) 안전하고 안심할 수 있는 도시조성 사업

(4) 좋은 고향환경조성 사업

(5) 기타 시장이 특별히 인정한 사업

**제3조(적립)** 고향납세제도로 받은 기부금을 기금으로 적립한다.

**제4조(관리)** ① 기금에 있는 현금은 금융기관 예금이나 기타 가장 확실하고 유리한 방법으로 보관한다.

② 기금에 있는 현금은 필요에 따라 가장 확실하고 유리한 유가증권으로 갈음할 수 있다.

**제5조(운용익금의 처리)** 기금의 운용에서 발생한 수익은 일반회계 세입세출 예산에 계상하여 제2조 각호의 사업에 소요되는 경비에 충당하고 기금에 편입한다.

**제6조(전환 운용)** 시장은 재정상 필요하다고 인정할 때에는 확실한 이월 방법, 기간 및 이율을 정하여 기금의 현금을 전환해서 운용할 수 있다.

**제7조(처분)** 기금은 제2조 각호에서 정하는 사업의 재원으로 충당하는 경우에 한하여 이를 처분할 수 있다.

**제8조(위임)** 이 조례에서 정하는 것 이외에 기금의 관리에 관하여 필요한 사항은 시장이 따로 정한다.


# 15. 사이타마현(埼玉県)-지방자치단체 상호 연대를 통한 아이디어 개발

## 가. 경쟁자를 동료로, 한 팀으로 굴러가자(변화를 향한 지방자치단체 상호 연대)

특별한 관광명소가 없어도 누군가에게는 지방자치단체의 일상이 '특별한 것'으로 보일 수 있다. 사이타마현에서는 고향납세제도를 이용한 지역 발전을 위해 기초자치단체와 함께 지역진흥검토회의를 운영하고 있다. 지역진흥검토회의에서는 기부자들이 여러 기초자치단체를 돌아다니면서 체험을 할 수 있도록 '3코스 체험투어'를 개발하였다.

제1코스는 산의 절경이 보이는 카페에서 차를 마시거나 민박을 하는 휴식형 코스, 제2코스는 명상요가와 삶은 고구마를 먹는 건강 코스, 제3코스는 콩밭에서 콩 따기 체험을 하고 간장공장에서 간장을 시음해보는 스토리 코스이다.

사이타마현과 기초자치단체가 힘을 합한 체험형 코스는 기부자들의 사랑을 받고 있다.

## 나. 사이타마현 소개

사이타마현은 도쿄도의 북쪽에 위치하고 있는 광역자치단체이다. 참고로 일본에는 47개의 광역자치단체가 있다.

사이타마현은 수도권에 속하며 인구는 도쿄도, 가나가와현, 오사카부, 아이치현에 이어 전국 5위이다. 인구밀도도 도쿄도, 오사카부, 가나가와현에 이어 전국 4위이며 재정력지수도 전국 4위이다. 면적은 전국 39위를 차지하고 있으나 가용면적률은 3위이다.

사이타마현의 총인구는 737만 7,288명이다. 고령자 비율은 25.9%로 전국 평균 27.6%보다 낮고 아동 비율은 전국 평균 규모로 인구의 자연감소 우려가 없다. 그리고 수도권에 위치하고 있어 2018년 국가인구조사에서 인구가 1만 4,277명 증가하였다고 발표되었다. 지방교부세율도 전국 평균보다 낮아서 재정력지수가 높다.

## 다. 고향납세 기부금 현황

고향납세 기부금 실적은 2019년부터 증가하고 있다. 일반적으로 고향납세제도는 고향을 응원하고 싶은 마음을 뜻하므로 광역자치단체나 수도권이 아닌 곳에 기부하는 경우가 많다. 그러한 의미에서 사이타마현도 2008년부터 2018년까지 고향납세 기부금 실적이 저조했다.

이러한 상황을 개선하기 위해 사이타마현은 기초자치단체와 협력하여 도시의 가족들이 와서 체험할 수 있는 체험형 투어를 개발하였다. 기초자치단체와 광역자치단체가 상호 발전을 도모하는 프로젝트는 그 취지에 힘입어 기부금 실적을 높이고 있다.

<표 VI-16> 사이타마현 2008~2020년 고향납세 기부금 추이

| 연도 | 건수 | 금액 |
|---|---|---|
| 2008 | 246건 | 17,378,941엔 |
| 2009 | 274건 | 16,206,128엔 |
| 2010 | 220건 | 13,351,435엔 |
| 2011 | 186건 | 9,336,127엔 |
| 2012 | 272건 | 11,080,890엔 |
| 2013 | 296건 | 12,726,614엔 |
| 2014 | 253건 | 10,325,316엔 |
| 2015 | 135건 | 20,050,280엔 |
| 2016 | 298건 | 21,386,158엔 |
| 2017 | 281건 | 9,850,250엔 |
| 2018 | 454건 | 18,649,737엔 |
| 2019 | 1,073건 | 32,074,603엔 |
| 2020 | 2,428건 | 122,199,120엔 |

출처) 총무성

## 16. 후쿠이현(福井県) - 고향을 지키기 위해 고향납세제도 아이디어 개발

### 가. 고마워요! 고향납세(고향을 지키기 위해 고향납세제도를 제안하다)

후쿠이현에는 '고향의 날'이라는 조례가 있다. 조례에서는 고향의 날을 2월 7일로 정하고 있다. 지금은 누구나 알고 있는 고향납세제도는 2008년 아베정권에서 시작한 것으로 알려져 있지만, 실제로는 후쿠이현 지사인 니시카와 잇세이(西川一誠) 씨가 고향을 지키고자 제안한 제도이다.

후쿠이현에서는 고향의 날을 기념하여 매년 주민 모두가 참가할 수 있는 이벤트를 실시하고 있다. 2017년 5월에는 전국 27개 지방자치단체가 고향납세 지역 활성화 사례를 서로 배우고 개발하자는 취지에서 '고향납세의 건전한 발전을 목표로 한 지방자치단체연합'을 설립하였다. 현재는 68개 지방자치단체가 연합에서 활동하고 있다.

### 나. 후쿠이현 소개

후쿠이현은 아이들의 학력과 체력이 전국 최고인 지방자치단체이다. 그리고 안정된 일거리가 많고, 장수 노인이 많기로도 유명하여 행복지수가 가장 높은 곳으로 평가받고 있다.

또한 세계 3대 공룡박물관 중 하나인 '후쿠이현립 공룡박물관', 조동종의 대본산 '에이헤이지', 현존하는 가장 오래된 천수각을 가진 '마루오카성', 세계 3대 절경 중 하나인 주상절리 '동신방', 람사르조약 지정 습지인 '삼방오호' 등 역사자원과 자연자원도 풍부한 곳이다.

후쿠이현의 총인구는 78만 6,503명이다. 고령자 비율과 아동 비율은 전국 평균 수준으로 인구의 자연감소는 발생하지 않을 것으로 판단된다. 다만, 2018년 국가인구조사에서 4,255명이 감소한 것으로 볼 때 앞으로도 도심지로의 인구 유출이 계속될 수 있다. 지방교부세율은 15%로 전국 평균 11.8%를 약간 상회한 수준으로 비교적 건전하다.

## 다. 고향납세 기부금 현황

후쿠이현은 2008년부터 고향납세 실적을 갖고 있다. 고향납세제도를 제안한 지역이라는 점에서 초기부터 고향납세제도를 활성화하려고 노력한 것이다.

그러나 일반적으로 고향납세는 후쿠이현처럼 광역자치단체가 아니라 기초자치단체에 기부하는 경우가 대부분이다. 이 때문에 후쿠이현의 고향납세 기부 건수는 많지 않다. 그렇지만 고향납세제도에 대한 후쿠이현 주민의 자긍

<표 VI-17> 후쿠이현 2008~2020년 고향납세 기부금 추이

| 연도 | 건수 | 금액 |
|------|------|------|
| 2008 | 472건 | 34,400,300엔 |
| 2009 | 514건 | 42,407,450엔 |
| 2010 | 533건 | 34,068,750엔 |
| 2011 | 419건 | 39,665,810엔 |
| 2012 | 330건 | 43,670,334엔 |
| 2013 | 286건 | 40,012,399엔 |
| 2014 | 520건 | 46,713,025엔 |
| 2015 | 787건 | 66,352,645엔 |
| 2016 | 4,862건 | 166,484,039엔 |
| 2017 | 1,477건 | 73,655,235엔 |
| 2018 | 1,449건 | 68,898,146엔 |
| 2019 | 3,996건 | 118,124,620엔 |
| 2020 | 2,821건 | 110,980,567엔 |

출처) 총무성

심은 매우 높으며 매년 3,000건 이상의 실적을 낳고 있다.

## 라. 기부금 사용처의 예시

### 1) 지역철도를 응원한다!

지역철도 응원에 대한 답례품으로 에치젠철도와 후쿠이철도는 하루 동안 두 철도를 자유롭게 탈 수 있는 자유티켓을 제공하고 있으며, 각 회사의 러버 열쇠고리도 제공한다.

코로나19로 인해 차내를 매일 소독하고 있으며, 항균 및 항바이러스 대책도 실시하고 있다. 그러나 승차인원의 감소 현상은 좀처럼 회복되지 않고 있다. 고향납세로 지역철도를 응원해주세요.

### 2) 와카사고등학교 기숙사 환경을 정비하자!

와카사고등학교는 문부과학성의 슈퍼·사이언스 고등학교로서 최고 등급을 받았다. 그리고 우주식사용으로 '고등어 캔'을 만들고 있다.

와카사고등학교는 학생들이 보다 쾌적한 환경에서 공부할 수 있도록 노후화된 기숙사를 새롭게 정비할 예정이다. 고향납세 기부자의 많은 응원을 기대한다. 답례품으로 우주식사용 고등어 1캔을 제공하고, 와카사고등학교 기숙사 내에 이름을 새길 예정이다.

### 3) 후쿠이 안경을 응원합니다!

고향납세 기부금으로 후쿠이현 안경의 매력을 전달한 예정이다. 기부한 분에게는 글라스 갤러리 291(GLASS GALLERY 291)에서 사용할 수 있는 안경 교환권을 보낸다. 10만엔의 기부자에게는 3만엔, 7만엔의 기부자에게는 2만엔 이용권을 송부할 예정이다.

## 4) 아이들에게 운룡환 항해를 체험하게 하자!

2021년 3월 준공한 실습선 운룡환! 정원은 45명이며, 수중 드론과 환경관측기기를 이용한 태블릿을 통해 새로운 학습 체험을 가능하게 한다. 5월부터 10월까지 후쿠이현의 초·중학생과 주민을 대상으로 와카사만에서 항해 체험을 실시한다. 답례품으로 우주식사용 고등어 캔을 제공한다.

# D. 지역 비전 전략

## 17. 아마쵸(海士町)-지역자원을 이용한 물품 만들기(산업), 사람 만들기(교육), 일 만들기(고용)

### 가. 작은 섬이 도전하는 커다란 꿈(어부회는 해삼과 함께 살아간다)

아마쵸는 시마네반도 앞바다에 위치한 인구 2,200명의 작은 섬이다. 인구 과소지역인 아마쵸의 가장 큰 문제는 저출산·고령화로 인한 인구감소이다. 이 문제에 대응하기 위해 산업 육성을 목표로 한 미래공동창생기금(未来共創基金)을 설치하였다.

인구감소 문제는 일을 하는 장년층의 고령화와 함께 후계자 부족을 낳아 사업장 폐쇄로 이어지고 있다. 사업장 폐쇄는 다른 사업장에도 영향을 미쳐 지역산업 전체를 붕괴시킬 수도 있다. 사업승계가 이뤄지지 않은 상황에서 시대의 변화에 발맞춘 신사업을 형성하지 못하면 그만큼 경쟁력이 떨어진다. 지역의 미래를 위해서는 중점산업을 활성화하여 열정 있는 인재들을 지역으로 돌아오게 해야 한다.

아마쵸는 고향납세 기부금 재원으로 미래공동창생기금(또는 미래투자기금)을 신설하였고, 미래공동창생기금을 이용하여 아마쵸의 산업이라고 할 수 있는 해삼어업이나 도선업의 재건에 노력하고 있다.

## 나. 미래공동창생기금(또는 미래투자기금)

아마쵸는 '없는 것이 없다. 없는 것은 스스로 만든다'는 정신으로 지역자원을 이용한 물품 만들기(산업), 사람 만들기(교육) 및 일 만들기(고용 창출)에 도전하고 있다.

미래공동창생기금은 이러한 '물품 만들기', '사람 만들기', '일 만들기'의 선순환을 촉진시키기 위해 고향납세 기부금을 재원으로 하여 만들어진 기금으로, AMA홀딩스주식회사가 기금사무국의 운영을 담당하고 있다.

AMA홀딩스주식회사는 2018년 고향납세 업무지원, 미래공동창생기금 업무지원 및 홍보활동을 위해 아마쵸에서 설립한 회사이다. 2021년 AMA홀딩스주식회사는 다음의 사업에 투자하였다.

### '어부회는 해삼과 함께 살아간다' 프로젝트

해삼은 바다의 청소부로 불린다. 해삼이 늘어나면 생태계의 보존에 유리하게 작용하기 때문에 바다숲 조성에 도움을 준다.

'어부회는 해삼과 함께 살아간다' 프로젝트는 해삼용 육성장을 설치하여 바다 자원을 관리하는 것으로, 향후에도 해삼과 관련된 사업을 계속해서 유지시킨다는 목적을 가지고 있다. 현행처럼 해삼을 잡기만 하는 어업 행태가 계속된다면 해삼의 수는 급감할 것이다.

본 프로젝트는 항구를 이용하여 해삼용 육성장을 만들고 돌담으로 둘러싼 양식시설에 인공초를 뿌려서 해삼을 착생시킨 뒤에 해삼용 육성장으로 착생된 해삼을 옮겨서 해삼을 천적으로부터 보호한 후 방류시키는 작업이다.

**'바다를 좋아하는 마린보트' 프로젝트**

전국적으로 야외활동을 하고 싶어 하는 사람들이 증가하고 있다. 아마 쵸에도 낚시 등 바다 활동을 원하는 방문객들이 늘고 있다. 그러나 현재 아 마쵸에는 낚싯배의 숫자가 적어 방문객을 충분히 받아들이지 못하고 있다.

'바다를 좋아하는 마린보트' 프로젝트는 낚싯배를 비롯하여 마린보트 등과 연계하여 관광 콘텐츠를 확장하는 사업이다.

한편 아마쵸에서는 수산업에 종사하려는 청년들이 감소하고 있다. '바 다를 좋아하는 마린보트' 프로젝트에서는 부업 형태로 선장을 모아 청년 소득을 지원하는 사업을 도입해 청년들이 바다와 접하는 기회를 확대시키 고 있다.

## 다. 아마쵸 소개

아마쵸는 시마네현에서 북쪽으로 60㎞ 떨어진 시마네반도 앞바다에 위치 하고 있다. 이 섬은 나라시대 후조우(後鳥羽) 상황이 유배되어 19년 동안 거주 한 역사가 있고, 일본의 시문화인 하이쿠 문화가 발달한 곳이다. 그리고 섬 전 체가 국립공원으로 지정될 만큼 자연이 수려하고 바다가 아름다우며 밤에는 무수한 별들이 쏟아져 내릴 듯한 풍경을 지니고 있다.

그러나 급격하게 진행되고 있는 저출산·고령화로 아마쵸의 인구는 감소하 고 있었다. 총인구가 2,284명이고 인구의 40.8%(전국 평균 27.6%)가 65세 이 상의 고령자이다. 지방교부세율도 47.8%(전국 평균 11.8%)로 인구감소 위기 뿐만 아니라 재정파탄의 위기 속에 놓여 있었다.

그러나 현재 아마쵸는 독자적인 행정개혁 추진과 신사업 개발로 일본에서 가장 주목받는 섬이 되고 있다. 2005년 최신냉동기술인 CAS(Cells Alive System, 급속동결기술)를 도입하여 해산물의 브랜드화를 도모하고 있다. 고용 확대와 섬 밖 주민과의 교류도 적극적으로 추진하여 2004년부터 2018년까지 15년간 섬 전체 인구의 20%에 해당하는 428가구가 신규 가구이며, 624명이 I턴 그리고 204명이 U턴하였다. 여기서 I턴이란 수도권에서 태어났지만 지방에서의 삶을 꿈꾸어오다가 도시생활을 접고 지방으로 이주하는 현상을 말한다. U턴이란 지방에서 도시로 이주한 사람이 도시에서 경험을 쌓은 후에 다시 고향으로 돌아오는 이주현상을 말한다.

2018년 국가인구조사에서는 아마쵸의 인구가 거의 감소하지 않은 것으로 발표하였다. 아마쵸의 신사업 전개가 효과를 본 것이다.

## 라. 고향납세 기부금 현황

아마쵸의 고향납세 기부금 실적은 2019년 1,731건인 데 비해 2020년에는 7,030건으로 크게 늘었다. 이렇게 기부금 실적이 늘어난 이유를 AMA홀딩스 주식회사 운영방식의 성공에서 찾을 수 있다.

아마쵸는 '물품 만들기', '사람 만들기', '일 만들기'로 마을이 지향해야 할 목표를 분명히 하였고, 고향납세를 통해 얻어진 기부금 재원으로 미래공동창생기금을 만들어 해삼이라는 주력 분야와 바다라는 관광자원을 개발하는 데 사용함으로써 기부자의 기부처 선택을 쉽게 하였고, 기부자에게 제공된 신선한 바다 답례품과 바다 관광 서비스로 호응을 불러일으켰다.

<표 VI-18> 아마쵸 2008~2020년 고향납세 기부금 추이

| 연도 | 건수 | 금액 |
|------|------|------|
| 2008 | 89건 | 3,923,000엔 |
| 2009 | 41건 | 4,740,000엔 |
| 2010 | 56건 | 9,755,000엔 |
| 2011 | 36건 | 1,980,000엔 |
| 2012 | 39건 | 3,310,000엔 |
| 2013 | 59건 | 4,520,000엔 |
| 2014 | 97건 | 4,430,000엔 |
| 2015 | 1,182건 | 22,210,400엔 |
| 2016 | 718건 | 18,079,500엔 |
| 2017 | 882건 | 20,371,000엔 |
| 2018 | 1,149건 | 31,494,107엔 |
| 2019 | 1,731건 | 41,786,937엔 |
| 2020 | 7,030건 | 125,373,274엔 |

출처) 총무성

## 마. 아마쵸 고향 만들기 기부조례

**제1조(목적)** 고향 만들기 기부조례는 지역산업의 진흥, 저출산 대책, 지역복지의 향상, 인재 육성, 도시와 지방의 상생과 다음 세대에 넘겨줄 환경 정비 등 우리 지역의 특색을 살리고 독창적이면서도 개성적인 고향 만들기에 이바지하는 사업을 추진함과 동시에 사업을 성실히 수행하면서 거버넌스 형태로의 행정뿐만 아니라 민간에 대한 투자를 촉진하고 우리 지역의 지속가능한 발전을 위한 경영사업체의 육성과 기반 강화(이하 '아마쵸 미래투자기금')를 위해 기부금을 모집하고 그 재원으로 기부자가 생각하는 바를 구체화하여 다양한 사람들이 참여함으로써 지속가능한 고향 만들기에 이바지함을 목적으로 한다.

**제2조(사업의 구분)** 제1조에서 규정한 기부자의 선택 가능한 사업은 다음 각

호의 사업을 말한다.

**(1) 고향 만들기에 관한 사업**

(가) 누구나 안심하고 살 수 있는 섬 환경정비에 관한 사업

(나) 자연환경과 전통문화의 운영·계승과 발전에 관한 사업

(다) 매력적인 지역교육에 관한 사업

(라) 지방과 도시 및 해외 교류를 통한 인재육성에 관한 사업

(마) 지역자원을 활용한 지역산업의 진흥에 관한 사업

(바) 지속가능한 경제순환 실현에 관한 사업

(사) 지역진흥에 관한 사업

**(2) 아마쵸 미래투자기금에 관한 사업**

**제3조(기금의 설치)** 제2조에 규정한 사업에 충당하는 것으로 모금한 기부금을 적정하게 관리 및 운용하기 위하여 '아마쵸 고향 만들기 기금(이하 '기금'이라 함)'을 설치한다.

**제4조(기부금 지정 등)** ① 기부자는 제2조 각호에서 규정한 사업 중에서 기부금 재원으로 실시하는 사업을 사전에 지정할 수 있다.

② 본 조례에 근거하여 모금한 기부금 중 전항에서 규정한 사업 지정이 없는 기부금에 대해서는 고향 만들기 계획에 따라 기관장이 사업을 지정한다.

③ 기관장은 전항의 지정을 한 경우 기부자에게 그 내용을 즉시 보고해야 한다.

**제5조(기금의 적립)** 기금으로서 적립되는 금액은 제4조의 규정에 따라 기부받은 재원으로 한다.

**제6조(기금의 관리)** 기금에 속하는 현금은 금융기관에 예금 및 기타 가장 확실한 방법으로 보관해야 한다.

**제7조(기금 운용수익의 처리)** 기금의 운용으로 발생한 수익은 제1조의 목적을

달성하기 위하여 일반회계 세입세출예산에 계상하여 기금에 이월하는 것
으로 한다.

제8조(기부자에 대한 배려) 기관장은 기금의 적립, 관리 처분 및 기타 기금의
운용에 있어서 기부자의 생각을 충분하게 반영하도록 배려해야 한다.

제9조(기금의 처분) 기금은 제2조 각호에서 규정한 사업에 필요한 비용에 충
당할 경우에 한하여 그 전부 또는 일부를 처분할 수 있다.

제10조(전환 운용) 기관장은 재정상 필요하다고 인정할 때에는 확실한 이월방
법, 기간 및 이율을 정하여 기금에 속하는 현금을 전환해서 운용할 수 있다.

제11조(운용상황의 보고) 기관장은 매년 6개월 이내에 기부금의 운용에 관하
여 의회에 보고함과 동시에 공표하여야 한다.

제12조(위임) 이 조례에서 정한 것 이외에 기금의 관리에 관하여 필요한 사항
은 단체장이 따로 정한다.


# 18. 도카마치시(十日町市)-공동식품가공소를 신설하여 여성 농업인 활약을 통해 과소지역의 어려움 극복

## 가. 여성농업인을 늘리자(공동식품가공소 신설로 경력단절이 아닌 경력이음을 기대한다)

폭설과 일손 부족이 일상화된 도카마치시! 여성농업인이 언제든지 도전할
수 있는 환경을 조성하기 위해 크라우드펀딩을 활용해 공동식품가공소를 만
들고 있다.

도카마치시는 전국적으로 유명한 폭설지로 동절기에는 농사를 지을 수 없

다. 그리고 중산간지역에 있어 규격 외 상품이 많아 농업으로 생계를 꾸려나가기 어렵다.

또한 여성농업인은 출산을 계기로 일에서 멀어질 수밖에 없고, 그로 인해 농업인 동료와의 연계가 어려운 현실이 있다. 다른 일을 해보고자 하는 사람들도 있으나, 초기 투자의 벽이 높기 때문에 창업 아이디어를 실현시키지 못하는 경우가 많다.

도카마치시는 과소지역으로 지정된 상황으로 향후에도 인구감소가 예상되는 바, 이러한 상황을 변화시키기 위해 여성농업인의 활약에 희망을 걸고 있다. 그리고 여성농업인의 특유한 아이디어가 상품화될 수 있도록 워킹그룹 'women farmers japan'을 결성해 서로의 성장을 도울 수 있는 동료 만들기를 시도하고 있다.

도카마치시는 '고향기업가 지원사업'을 거버먼트 크라우드펀딩으로 모집하고 있다. 고향기업가 지원사업은 도카마치시의 일손 부족을 해소하고, 빈집을 활용한 공동식품가공소의 설치로 여성농업인이 활약할 수 있는 기회를 제공하는 등 도카마치시의 산업 활성화를 도모한다.

## 나. 도카마치시 소개

웅대한 산과 대지 그리고 우루오스강이 흐르는 역사·문화·산업의 도시인 도카마치시! 농업의 새로운 가능성에 도전하는 사람들, 현지인과 교류의 고리를 넓히려는 사람들, 도카마치시에서 시작하여 전국으로 나아가려는 사람들, 전통을 지키면서 새로운 것에 도전하는 사람들이 모인 곳이다.

도카마치시는 인구 5만 3,116명의 과소지역이다. 2018년 국가인구조사에서도 인구가 1,051명 감소한 것으로 발표하였다. 고령자 비율이 37.9%로 전국 평균 27.6%보다 높은 반면에 아동 비율이 10.8%로 전국 평균 12.4%보다 낮아 향후에도 인구감소가 예상되는 지역이다. 지방교부세율도 38.4%로 전국 평균인 11.8%보다 상당히 높아 재정력이 약하다.

## 다. 고향납세 기부금 현황

도카마치시의 고향납세 기부금 실적은 2018년부터 안정적으로 증가하고 있다. 인구감소가 예상되는 도카마치시는 여성농업인의 활약이 긴요한 곳이다.

도카마치시는 여성이 활약할 수 있는 환경을 조성하고자 크라우드펀딩으로 결혼을 한 여성이라도 언제든지 다시 일할 수 있는 공동식품가공소를 만들고 있다. 또한 13개의 고향납세 기부금 사용처를 공개함으로써 꾸준하게 기부자들의 마음을 움직이고 있다.

<표 Ⅵ-19> 도카마치시 2008~2020년 고향납세 기부금 추이

| 연도 | 건수 | 금액 |
|---|---|---|
| 2008 | 934건 | 46,516,422엔 |
| 2009 | 244건 | 30,687,500엔 |
| 2010 | 118건 | 9,178,005엔 |
| 2011 | 278건 | 26,132,240엔 |
| 2012 | 275건 | 73,794,929엔 |
| 2013 | 2,490건 | 62,150,199엔 |
| 2014 | 734건 | 65,426,224엔 |
| 2015 | 721건 | 60,353,635엔 |
| 2016 | 631건 | 47,154,301엔 |
| 2017 | 740건 | 59,851,768엔 |
| 2018 | 2,948건 | 138,105,500엔 |
| 2019 | 3,615건 | 145,609,908엔 |
| 2020 | 7,531건 | 216,222,950엔 |

출처) 총무성

## 라. 도카마치 응원기부조례

**제1조(목적)** 이 조례는 도카마치시의 도시 조성에 공감하는 사람들의 기부금을 재원으로 다양한 사람들의 사회적인 투자를 구체화함으로써 개성 있는 도시 조성에 이바지하는 것을 목적으로 한다.

**제2조(기금의 설치)** 기부자로부터 모금한 기부금을 적정하게 관리 및 운용하기 위하여 도카마치응원기금을 설치한다.

**제3조(기부금의 사용처 지정 등)** ① 기부자는 시장이 따로 정하는 사업 중 어느 것에 충당할 것인지 사용처를 사전에 지정할 수 있다.

② 기부금 중 전항에서 규정하는 사업의 지정이 없는 경우는 시장이 사업을 지정한다.

③ 시장은 기금의 적립, 관리 및 처분, 기타 기금을 운용함에 있어서 기부자의 의향이 반영되도록 충분히 배려하여야 한다.

**제4조(기금 적립)** 기금으로 적립하는 금액은 제3조의 규정에 의하여 기부된 기부액으로 한다.

**제5조(기금의 관리)** 기금에 속하는 현금은 금융기관에 예금 및 기타 가장 확실하고 유리한 방법으로 보관하여야 한다.

**제6조(기금의 운용익금 처리)** 기금의 운용에서 발생하는 수익은 일반회계 세입세출예산에 계상하여 기금에 편입한다.

**제7조(기금의 처분)** 기금은 그 설치의 목적을 달성하기 위하여 시장이 따로 정하는 사업에 충당할 경우에 한하여 그 전부 또는 일부를 처분할 수 있다.

**제8조(기금의 대체 운용)** 시장은 재정상 필요하다고 인정되는 때에는 확실한 이월방법, 기간 및 이율을 정하여 기금에 속하는 현금을 대체하여 운용할 수 있다.

**제9조(위임)** 이 조례에서 정하는 것 이외에 기금의 관리 및 운용에 관하여 필요한 사항은 시장이 따로 정한다.

# 19. 긴코쵸(錦江町)-온라인 소아과를 기반으로 포괄의료지원센터 운영

## 가. 고향납세로 만드는 작은 마을의 희망찬 미래(온라인 소아과)

긴코쵸는 '자손들에게 희망이 넘치는 미래를 만들어주자'는 캐치프레이즈를 걸고 마을을 조성하고 있다. 그리고 주민이 지방자치단체가 주최한 '미래의 상상 창조 콘테스트'에서 제안한 사업들을 실시하고 있다. 소아과 전문의가 없는 긴코쵸에 '온라인 소아과'를 만들자는 것도 이러한 콘테스트에서 나온 제안이다.

긴코쵸에서는 아이를 키울 수 있는 환경을 정비해주었으면 한다는 제안에 대응하여 3년 전부터 고향납세를 활용해 도시에 거주하는 소아과 의사에게 원격의료 상담을 받을 수 있게 하였다. 도시에 사는 소아과 의사들은 온라인 소아과 사업에 공감을 해주었다. 현재는 온라인 소아과가 확장하여 육아 의료뿐만 아니라 고령자를 포함한 마을의 포괄의료지원센터 운영에도 도움을 주고 있다. 여기서 포괄의료지원센터란 급속하게 증가하고 있는 고령자 인구에 대비한 정부정책의 하나로, 고령자가 남은 인생을 자신이 정든 지역에서 보낼 수 있도록 정부가 지역 내에 포괄케어시스템을 구축한 것이다.

## 나. 긴코쵸 소개

긴코쵸는 규슈 지역의 최남단 가고시마현 남부에 위치하고 있다. 농업·수산업·축산업이 마을의 기간산업으로 야채를 비롯하여 과일·고기·생선 등이 많이 생산되고 있다.

긴코쵸는 10년 전 정부의 지역 합병정책에 근거하여 오네지메쵸와 다시로쵸가 합병해서 만들어진 마을이다. 그러나 여전히 저출산·고령화로 어려움을 겪고 있다. 2015년 약 7,900명이었던 인구는 2019년 12월 약 7,400명으로 감소하였다. 고령자 비율도 44%로 전국 평균 27.6%보다 높은 반면에 아동 비율은 10%로 전국 평균 12.4%보다 낮아 자연적인 인구감소뿐만 아니라 도심으로의 사회적 인구 이동도 진행될 것으로 예상된다. 지방교부세 비율도 전국 평균 11.8%보다 상당히 높은 53.9%이다. 만일 이러한 상황이 계속된다면 공공서비스에 종사하는 사람들도 부족해져서 주민서비스가 무너질 것이며 교육환경이나 취락환경도 어려움에 빠질 우려가 있다.

긴코쵸는 아이들에게 희망을 줄 수 있는 마을의 미래를 보여주기 위해 인구감소 대응형 미래 만들기 프로젝트를 만들었다. 이 프로젝트는 2017년 4월 1일 신설된 긴코쵸 마을·사람·미래 창생협의회 사무국에서 운용하고 있다.

## 다. 고향납세 기부금 현황

긴코쵸의 고향납세 기부금은 2017년부터 계속 증가하고 있다. 긴코쵸의 고향납세 사무는 지방창생종합전략의 집행조직인 긴코쵸 마을·사람·미래 창생협의회 사무국이 운용하고 있다. 여기서 지방창생이란 지방을 보다 살기 좋은 곳으로 조성함으로써 저출산·고령화에 대응하는 동시에 도쿄권으로의 인구 과도집중현상을 시정하기 위한 정부 정책이다. 2014년 마을·사람·일자리 창생법을 근거로 하여 마을·사람·일자리 창생본부가 정부에 설치되었다. 현재는 2020년을 첫해로 한 제2기 지방창생 종합전략이 실시되고 있다.

긴코쵸는 정부 시책에 맞추어 2017년 지방창생종합전략의 집행조직을 설치하였다. 이 집행조직에서 고향납세제도를 계획적으로 운영하고 있다.

긴코쵸의 시급한 사업은 인구 증가사업이다. 주민은 온라인 아동의료사업을 제안하였다. 긴코쵸는 동 사업뿐만 아니라 이를 확장하여 고령자의 의료도 동시에 보살필 수 있는 포괄의료지원센터를 착실히 운영하고 있다. 전국의 고향납세 기부자들이 긴코쵸의 이러한 노력에 공감하고 있다.

<표 VI-20> 긴코쵸 2008~2020년 고향납세 기부금 추이

| 연도 | 건수 | 금액 |
|------|------|------|
| 2008 | 2건 | 270,000엔 |
| 2009 | 3건 | 1,035,000엔 |
| 2010 | 2건 | 550,000엔 |
| 2011 | 4건 | 290,000엔 |
| 2012 | 3건 | 1,540,000엔 |
| 2013 | 9건 | 2,385,000엔 |
| 2014 | 17건 | 655,000엔 |
| 2015 | 545건 | 9,055,390엔 |
| 2016 | 3,594건 | 55,367,001엔 |
| 2017 | 1,776건 | 37,884,001엔 |
| 2018 | 2,581건 | 63,683,484엔 |
| 2019 | 6,333건 | 188,566,568엔 |
| 2020 | 9,189건 | 220,813,789엔 |

출처) 총무성

## 라. 고향납세 기부금의 사용처

① 미래의 사회역군 육성사업

- 아동이 건강하게 생활할 수 있는 환경을 조성한다.

- 도시로 나간 청년들이 미래사회의 역군으로 긴코쵸로 돌아올 수 있는 환경을 조성한다.
- 평생 건강하게 생활할 수 있는 마을 만들기를 형성한다.

② 지역경제 활성화 사업
- 사업자가 원하는 비즈니스를 안정적으로 실시할 수 있는 환경을 조성한다.
- 새로운 일자리를 창출하며, 기존의 사업자와 새로운 사업자 간의 협력으로 신산업과 신상품이 개발되어 안정적인 수입을 얻을 수 있는 환경을 조성한다.

③ 고령자 배려사업
- 고령자가 인간답게 살 수 있는 마을 만들기를 형성한다.
- 지원받는 입장에서 벗어나 고령자가 사회에 공헌할 수 있는 환경을 조성한다.

④ 이주 및 교류 사업
- 현재 긴코쵸에 살고 있는 주민과 새로 이주한 주민이 융합할 수 있는 환경을 조성한다.
- 레저를 포함하여 다양한 목적으로 마을을 찾은 다른 지역의 방문자가 쉽게 이주자로 적응할 수 있도록 매력 있는 마을을 조성한다.
- 긴코쵸 마을 주민과 연결된 다른 지역의 주민이 계속해서 지원자·투자자·이주자가 될 수 있는 환경을 만든다.

# 20. 오사키쵸와 히가시카와쵸(大崎町·東川町)-유학생에게 환경보존 기술 교육으로 세계적인 인재 양성

## 가. 두 마을의 미래를 향한 협력(유학생 대상 리사이클 기술과 교육의 만남)

가고시마현 오사키쵸는 고향납세제도와 연계한 지역상사사업으로 유명하고, 홋카이도 히가시카와쵸도 고향납세제도와 연계한 주주제도로 전국적으로 알려져 있다.

그리고 일본의 남쪽과 북쪽에 있는 두 마을이 2020년 '일본과 세계의 미래를 개척한다'는 취지 아래 '리사이클 유학생 프로젝트'에 뛰어들었다.

전 세계적으로 해양오염 문제가 심각하다. 해양쓰레기 때문에 환경이 오염되고 있고 어촌에 사는 주민은 어려운 상황에 빠져들고 있다. 리사이클 유학생 프로젝트는 이러한 상황을 개선하는 방안으로 만들어졌다. 오사키쵸의 리사이클 기술과 히가시카와쵸의 공립 일본어학교를 연계하여 유학생들을 상대로 리사이클 기술과 일본어 교육을 동시에 지도함으로써 향후에 세계적으로 활약할 수 있는 인재를 육성하자는 사업이다. 추가적으로 음식문화의 전파와 문화사업도 함께 진행하고 있다.

## 나. 가고시마 오사키쵸·홋카이도 히가시카와쵸 소개

### 1) 오사키쵸

고향납세에 대한 뜨거운 열의!

오사키쵸는 도심에서 멀리 떨어져 있는 농업 중심의 마을로, 10년 연속 일본에서 가장 리사이클 사업을 잘하고 있는 마을로 인정받고 있다.

고향납세제도는 오사키쵸의 농업을 지키는 데 있어서 중요한 제도이다. 오사키쵸는 생산자들과 일치단결하여 오사키쵸의 농업 상품을 열심히 홍보하고 있다. 농민들은 고향납세제도를 통하여 농업에도 미래가 있음을 실감하였고, 더 나은 상품개발을 위해 활발히 움직이고 있다. 그리고 고향납세 기부금의 사용처로 미래 아이들의 육성을 강조하고 있다. 아이들을 위해서 고향납세 기부금으로 책상과 의자를 바꾸는 등 학교를 새롭게 단장하고 있다.

오사키쵸는 지역상사사업으로도 전국적으로 알려져 있다. 지역상사사업이란 아직까지 잘 알려지지 않은 지역 농산품과 공예품을 선정하여 새로운 판로를 개척함으로써 수익을 끌어내 생산자에게 환원하고자 하는 정부의 정책이다. 2019년 6월 오사키쵸에서도 23개 사업자가 모여 지역상사인 오사키쵸 고향특산품진흥사업협동조합을 설치하고 상품 개발과 판촉에 힘쓰고 있다.

오사키쵸는 과소지역으로 지정되어 있다. 총인구는 1만 3,170명으로 2018년 국가인구조사에서는 인구가 284명 감소하였음을 발표하였다. 고령자 비율은 37.6%로 전국 평균 27.6%를 웃돌고 있으며, 아동 비율은 11.2%로 전국 평균 12.4%에 비해 낮다. 지방교부세율도 29%로 전국 평균 11.8%를 상회하여 재정력이 약하다.

## 2) 히가시카와쵸

홋카이도 쌀의 고장이자 사진마을인 히가시카와쵸!

눈으로 덮인 산의 해빙수를 생활수로 사용하고 있어 상수도가 없는 마을이다. 사진마을 히가시카와쵸는 주주제도를 신설하여 이곳을 응원하는 사람이 히가시카와쵸에 기부하면 마을의 주주가 될 수 있도록 하고 있다.

히가시카와쵸의 총인구는 8,382명이다. 고령자 비율은 32.2%로 전국 평균 27.6%를 웃돌고 있으며 아동 비율은 12.9%로 전국 평균 12.4% 수준을 보이고 있다. 그런데 히가시카와쵸는 현재 인구가 증가하고 있다. 2018년 국가인구조사에서 54명이 늘어난 것으로 나타났다. 사진마을이라는 독특한 프로젝트가 성공한 결과이다. 다만, 지방교부세율은 37.4%로 전국 평균 11.8%를 상회하고 있다.

## 다. 고향납세 기부금 현황

### 1) 오사키쵸

오사키쵸는 과소지역으로 지정된 마을로 인력이 부족하나 다음의 기부금 추이를 보면 2015년부터 고향납세 기부금 실적이 증가하고 있다. 오사키쵸 주민은 자연을 지키기 위해 10년 연속 리사이클 기술 개발에 도전하고 있으며 해외 유학생에게 리사이클 기술을 전파하기 위해 마을 전체가 움직이고 있다.

<표 VI-21> 오사키쵸 2008~2020년 고향납세 기부금 추이

| 연도 | 건수 | 금액 |
|---|---|---|
| 2008 | 9건 | 1,580,000엔 |
| 2009 | 19건 | 2,015,000엔 |
| 2010 | 19건 | 4,618,600엔 |
| 2011 | 22건 | 3,122,000엔 |
| 2012 | 21건 | 2,915,000엔 |
| 2013 | 17건 | 3,988,580엔 |
| 2014 | 539건 | 10,926,000엔 |
| 2015 | 63,731건 | 2,719,641,628엔 |
| 2016 | 55,309건 | 1,674,606,126엔 |
| 2017 | 47,174건 | 2,313,052,466엔 |
| 2018 | 63,783건 | 1,693,267,270엔 |
| 2019 | 194,443건 | 2,841,104,130엔 |
| 2020 | 350,189건 | 4,981,014,988엔 |

출처) 총무성

## 2) 히가시카와쵸

일본의 대표적인 사진마을인 히가시카와쵸는 꾸준하게 고향납세 기부금 실적을 늘리고 있다. 공립 일본어학교를 유치할 정도로 마을의 발전에 힘쓰고 있으며, 현재는 일본 남단에 위치한 오사키쵸와 제휴하여 해외 유학생에게 홋카이도의 아름다움을 전달하고 일본어를 공부할 수 있는 기회를 제공하고 있다. 고향납세 기부금 추이는 '22. 히가시카와쵸'에서 설명한다.

# 21. 이케다쵸(池田町) - 양노철도 지원을 통한 지역의 미래 가꾸기

## 가. 양노철도의 존속이 이케다쵸의 미래입니다(오늘도 통학열차는 아이들의 꿈을 싣고 달린다)

이케다쵸는 기후현(岐阜県) 서남부에 있는 마을이다. 햇살을 가득 담은 찻잎의 혜택과 풍부한 자연환경을 갖춘 이케다쵸는 스카이스포츠로도 유명하다.

이케다쵸 주민이 이용하는 양노철도(養老鐵道)는 100여년 전부터 이 지역을 달리고 있는 열차이다. 2006년까지는 긴키철도가 운영되었으나 인구감소로 인한 적자가 계속되자 운영을 중단하였고 지금은 7개 지방자치단체가 자금을 분담하여 양노철도를 운영하고 있다.

이케다쵸도 고향납세제도를 활용하여 양노철도의 존속을 지원하고 있다. 이케다쵸에서 양노철도가 중요한 이유는 이곳에 거주하는 고교생들이 학교가 있는 인근 오가키시까지 갈 수 있는 유일한 교통수단이 양노철도이기 때문이다. 양노철도가 없으면 학생들은 오가키시로 등교하기 어렵다. 양노철도를 포기하고 통학버스를 마련하려면 더 많은 운영비용이 필요하기 때문에 양노철도는 이케다쵸의 미래와 직결되어 있다.

양노철도에서는 많은 이벤트를 개최하고 있다. 흥미로운 이벤트로는 동물보호단체와 연계한 '고양이 카페열차'의 운영을 예로 들 수 있다. 이외에도 양노철도를 사랑하는 학생들이 학교 클럽활동으로 양노철도 워크숍 등을 개최하고 있다.

이케다쵸 고향납세 답례품은 히다 쇠고기(기후현 히다 지역에서 사육되는 검은 털의 소로 품질이 우수함)를 비롯하여 대부분이 식품이다. 2018년부터 1만엔을 기부하면 양노철도 1일 자유이용권(대인용 2매, 소인용 1매)을 답례품으로 제공하고 있다. 1일 자유이용권으로는 이케다역에서 자전거를 빌려 이케다온천에서 한가로운 시간을 보내고 이비군(揖斐郡)역에서 산록구(山麓)도로를 달리며 노우비(濃尾)평야에서 한적함을 즐길 수 있다. 또한 오가키성·다도타이샤(多度大社) 등 주변 관광지도 1일 자유이용권으로 즐길 수 있다.

## 나. 이케다쵸 소개

이케다쵸는 넓은 노우비 평야와 스카이스포츠로 유명한 이케다산 이외에도 녹차밭이 유명하다. 또한 최고급 이케다온천이 있으며 이비군역 옆에 위치한 아름다운 산록구도로를 즐길 수 있는 곳이다.

이케다쵸의 총인구는 2만 4,012명이다. 고령자 비율은 27.6%로 전국 평균 27.6%와 같고, 아동 비율은 13.4%로 전국 평균 12.4%보다 다소 높아 자연적인 인구감소의 우려는 없다. 다만, 2018년 국가인구조사에서는 인구가 219명 감소하였다고 발표하였다. 도심으로 인구가 전출하고 있는 것이다. 지방교부세율은 15.0%로 전국 평균 11.8%보다 다소 높은 상태이다.

## 다. 고향납세 기부금 현황

이케다쵸의 고향납세 기부금은 2015년부터 급증하고 있다. 이케다쵸는 녹차 마을로 유명한 곳이나 고등학교가 없어서 이곳 학생들은 인근 오가키시의 고등학교에 진학해야 한다. 문제는 오가키시까지 가기 위한 교통수단이 양노철도뿐인데, 인구감소로 인한 운영 적자로 현재는 7개 지방자치단체가 자금을 분담하여 가까스로 운영하고 있다.

양노철도가 이케다쵸의 미래와 직결되어 있기 때문에 이케다쵸는 적극적인 관심을 가지고 철도의 존속을 응원하고 있으며, 이러한 지방자치단체의 노력이 약 2만건의 고향납세 기부 실적을 가능하게 하고 있다.

<표 VI-22> 이케다쵸 2008~2020년 고향납세 기부금 추이

| 연도 | 건수 | 금액 |
|------|------|------|
| 2008 | 2건 | 102,000엔 |
| 2009 | 6건 | 422,000엔 |
| 2010 | 0건 | 0엔 |
| 2011 | 2건 | 3,042,820엔 |
| 2012 | 0건 | 0엔 |
| 2013 | 1건 | 1,000,000엔 |
| 2014 | 2건 | 30,000엔 |
| 2015 | 6,281건 | 147,924,100엔 |
| 2016 | 22,872건 | 518,740,135엔 |
| 2017 | 41,813건 | 2,551,767,686엔 |
| 2018 | 38,874건 | 1,713,842,000엔 |
| 2019 | 13,602건 | 397,834,808엔 |
| 2020 | 18,248건 | 417,526,100엔 |

출처) 총무성

## 라. 이케다쵸 고향지원 마을조성기부조례

**제1조(목적)** 이 조례는 이케다쵸의 발전을 기원하고 응원하고자 하는 주민, 단체, 기업, 이케다쵸 출신자 등으로부터의 기부금을 널리 모집하여 그 기부금을 재원으로 마을에 기부하는 자의 의향을 반영한 정책을 실시함으로써 마을조성의 기본이념인 '안심과 활력으로 충만한 건강문화도시'의 실현에 이바지하는 것을 목적으로 한다.

**제2조(사업의 구분)** 전조의 목적을 위해 기부금을 재원으로 실시하는 마을조성 시책은 다음의 각호와 같다.

(1) 안전하고 서로 돕는 마을 만들기

(2) 편리하고 쾌적한 마을 만들기

(3) 기능적이고 창의적인 활력 만들기

(4) 사람과 지역이 빛나는 문화 만들기

(5) 협동하는 연대 만들기

**제3조(기금의 설치)** 전조에서 규정한 시책에 사용하기 위해 기부자로부터 모집한 기부금을 적정하게 관리 및 운용하기 위해 이케다쵸 고향지원 마을조성기금을 설치한다.

**제4조(시책의 지정 등)** ① 기부자는 기부를 할 때에 제2조 각호에 열거된 시책 중에서 자신의 기부금이 사용될 곳을 미리 지정할 수 있다.

② 단체장은 기부자가 전항의 규정에 따른 시책을 지정하지 않은 때에는 그 지정을 한다.

③ 단체장은 전항의 규정에 따른 지정을 한 때에는 해당 기부자에게 그 취지를 보고하도록 한다.

**제5조(기부자에 대한 배려)** 단체장은 기금의 적립, 관리, 처분 및 그 밖의 기금

의 운용에 있어서 기부자의 의향이 반영되도록 충분히 배려하여야 한다.

**제6조(적립)** 기금으로서 적립하는 금액은 제4조의 규정에 의하여 기부된 기부금의 금액으로 한다.

**제7조(관리)** ① 기금에 속하는 현금은 금융기관 예금이나 기타 가장 확실하고 유리한 방법으로 보관해야 한다.

② 기금에 속하는 현금은 필요에 따라 가장 확실하고 유리한 유가증권으로 갈음할 수 있다.

**제8조(기금의 운용익금 처리)** 기금의 운용에서 발생하는 수익은 일반회계의 세입세출예산에 계상하여 이 기금에 편입한다.

**제9조(기금의 처분)** 기금은 그 설치의 목적을 달성하기 위하여 제2조 각호에서 규정하는 시책에 필요한 비용에 충당할 경우에 한하여 그 전부 또는 일부를 처분할 수 있다.

**제10조(운용상황의 공표)** 단체장은 매년도 종료 후 3월 이내에 이 조례의 운용상황에 관하여 공표하여야 한다.

**제11조(위임)** 이 조례에서 정하는 것 이외에 이 조례의 시행에 관하여 필요한 사항은 규칙으로 정한다.


# 22. 히가시카와쵸(東川町)-지방자치단체에서 추진하는 프로젝트에 투자할 수 있는 기회 제공

## 가. 홋카이도 사진마을에 투자하세요(히가시카와쵸 주주제도)

히가시카와쵸는 지역의 발전을 위한 자금지원 방식으로 히가시카와쵸 주주제도를 만들었다. 히가시카와쵸 주주제도는 이곳에 투자(기부)하고자 하는 자가 히가시카와쵸가 추진하는 프로젝트 사업 중에서 선택하여 투자하면 주주가 되는 제도이다. 히가시카와쵸 마을 만들기 사업에 동참할 수 있게 하는 제도로, 사진마을 히가시카와 주주조례(2008. 6. 24. 조례 제25호)에 근거를 두고 있다.

주주제도의 투자사업으로는 (1) 마을진흥사업 (2) 아동양육사업 (3) 자연경관 및 환경사업 (4) 인적교류사업이 있으며, 주주가 되는 방법은 투자사업을 선택한 후에 1주 1,000엔(약 1만원)인 주식을 구입하면 된다.

히가시카와쵸는 주주제도를 고향납세제도와 연계하여 고향납세제도에서 주는 지방세 및 국세의 공제뿐만 아니라 히가시카와쵸가 제공하는 주주우대 혜택까지도 받을 수 있게 하고 있다.

## 나. 히가시카와쵸 소개

히가시카와쵸는 홋카이도(北海道)의 중심부에 위치한 마을이다. 서부는 가미카와 분지의 농업지대, 동부는 다이세쓰산의 산악지대로 삼림지역을 형성하고 있다. 또한 일본 최대 자연공원인 다이세쓰산 국립공원의 일부를 구성하고 있다.

히가시카와쵸는 수공예품 마을로도 유명한 곳으로, 수공예품으로 멋을 낸 찻집들을 많이 볼 수 있다. 전원 풍경도 매우 아름다워 홋카이도에서는 처음으로 '경관 행정단체'로 지정되었다.

1950년 히가시카와쵸의 인구는 1만 754명이었으나 1993년 7,000명으로 줄어들었다. 이러한 흐름은 최근 히가시카와쵸 마을 만들기 사업의 성공으로 바뀌고 있다. 일본에서는 드물게 젊은 층 인구가 증가하여 2014년 7,945명,

2019년 8,382명으로 인구가 조금씩 증가하고 있다. 지방교부세율은 전국 평균 11.8%를 상회하는 37.4%로 재정력지수가 낮다.

## 다. 고향납세 기부금 현황

히가시카와쵸의 기부금은 2013년부터 꾸준히 증가하고 있다. 히가시카와쵸만의 독창적인 주주제도를 고안하여 고향납세제도와 연계시킴으로써 히가시카와쵸 투자자(기부자)가 쉽게 마을 만들기 사업에 동참할 수 있도록 하고 있다.

그리고 수공예품, 목공방, 세련된 찻집이 홋카이도의 전원 풍경과 어우러져 경관이 수려하며, 이곳의 자연환경을 이용한 국제 사진 페스티벌도 개최하고 있다. 이러한 노력이 많은 기부자들의 응원을 받고 있다.

<표 VI-23> 히가시카와쵸 2008~2020년 고향납세 기부금 추이

| 연도 | 건수 | 금액 |
|---|---|---|
| 2008 | 414건 | 10,453,000엔 |
| 2009 | 403건 | 8,602,000엔 |
| 2010 | 372건 | 5,972,000엔 |
| 2011 | 456건 | 9,219,000엔 |
| 2012 | 683건 | 11,674,000엔 |
| 2013 | 1,443건 | 21,954,000엔 |
| 2014 | 1,386건 | 18,189,000엔 |
| 2015 | 5,781건 | 92,694,000엔 |
| 2016 | 7,332건 | 161,425,000엔 |
| 2017 | 11,559건 | 230,907,000엔 |
| 2018 | 21,786건 | 400,414,000엔 |
| 2019 | 18,199건 | 500,260,000엔 |
| 2020 | 29,290건 | 693,054,000엔 |

출처) 총무성

## 라. 사진마을 히가시카와 주주조례

**제1조(목적)** 이 조례는 히가시카와쵸(이하 '마을')가 미래를 향해 매력 있는 열린 마을 만들기를 추진하고 마을을 응원하는 사람들과의 제휴 및 협력관계를 구축하여, 주주에 의한 투자재원으로 실시하는 사업(이하 '사업')을 통해 마을 사람과 마을 응원자가 협동하여 새로운 마을 만들기 구조를 실현함으로써 공공복리 향상에 이바지함을 목적으로 한다.

**제5조(주주 등 사업 참가)** ① 주주 등은 사업에 참가하거나 새로운 사업 제안으로 마을 만들기에 참가할 수 있다.

② 주주는 자신의 투자를 재원으로 실시하는 다음에서 열거하는 사업을 사전에 지정할 수 있다. 다만, 사업 지정이 없는 경우는 단체장이 지정한 사업에 충당하도록 한다.

**제6조(사업구분)** 주주로부터 투자받은 투자금을 사용할 수 있는 사업구분은 다음과 같다.

(1) 마을진흥사업

(2) 아동 양육사업

(3) 자연경관과 환경사업

(4) 인적 교류사업

**제7조(마을의 역할)** 마을은 사업을 실시함에 있어 다음 각호의 업무를 처리하도록 한다.

(1) 전조 각호에서 열거한 사업 중 목표액을 달성한 사업을 적정하게 처리하는 업무

(2) 사업과 마을에 관한 정보를 주주 등에게 적절히 제공하는 업무

(3) 주주 등의 기대와 신뢰에 부응하기 위해 마을 발전과 성장에 전력을 다

해 새로운 매력을 창조하는 업무

(4) 주주에 대해 소득세법(1965년 법률 제33호) 제78조와 지방세법(1950년 법률 제226호) 제37조의2에서 규정한 기부금 세액공제, 법인세법 제37조에서 규정한 손금 산입 내용을 홍보하는 업무

**제8조(주식의 관리운용)** 주주로부터의 투자는 히가시카와쵸 기금조례(2002년 히가시카와쵸 조례 제2호)에서 규정하는 '사진마을' 히가시카와 주주기금에 적립하여 적정하게 관리 및 운용한다.

# E. 주민 복리 증진

## 23. 분쿄구(文京区) - 생활보호자 자녀 후원 프로젝트

### 가. 생활보호자 자녀 돌보기(물품지원 프로젝트)

도쿄도 분쿄구는 경제상황이 어려운 가정의 아동들에게 개인과 기업으로부터 기부받은 물품을 전달하고 있다. 그리고 생활보호자 자녀를 위한 별도의 지원책도 마련하여 생활보호가정이 사회에서 고립되는 것을 방지하고 있다.

물품지원 프로젝트는 분쿄구와 NPO단체가 함께 개발한 사업이다. 2017년부터 실시하고 있으며 크라우드펀딩 방식으로 분쿄구의 사업 취지를 응원하는 개인으로부터 기부금을 모집하고 있다. 이 프로젝트의 취지에 맞게 답례품의 제공을 최소화하고 기부금을 최대한 생활보호자 자녀의 지원에 사용하고 있다.

### 나. 분쿄구 소개

분쿄구는 도쿄도에 있는 지방자치단체이다. 분쿄구에는 도쿄대학교와 유명 중·고등학교가 위치해 있으며, 한적한 주택가 사이로 일본의 명문 야구구

단인 요미우리 자이언츠가 경기를 하는 도쿄돔이 있어서 교육과 오락문화가 적절하게 발달한 지역이다.

최근에는 출판업 시설들이 외곽으로 이전하면서 고층 맨션들이 들어서고 있다. 고층 맨션에는 학구열이 높은 젊은 세대들이 모여들어 아동 인구가 증가하고 있다.

분쿄구의 총인구는 22만 1,489명이며 고령자 비율은 19.4%로 전국 평균 27.6%보다 하회하고 있고 아동 비율은 전국 평균 수준이다. 그리고 수도권이라는 점과 도쿄대학교가 위치한 지역이라는 점에서 2018년 국가인구조사에서 인구가 4,070명 증가한 것으로 발표되었다. 재정력에 있어서는 지방교부금을 받지 않을 정도로 재정력지수가 높다.

## 다. 고향납세 기부금 현황

분쿄구는 다른 지방자치단체보다 경제 상황이 좋은 편이나 이곳에도 생활보호자가 있고, 그러한 가정의 자녀들은 경제적으로 어려운 상황에 처해 있다.

분쿄구에서는 이들 가정을 지원하기 위해 크라우드펀딩 방식을 이용하여 고향납세 기부금을 모집하고 있다.

일반적으로 고향납세 기부금은 고향을 지원하는 경향이 있기 때문에 수도권 지방자치단체의 기부금 실적은 저조하다. 다만, 분쿄구처럼 특정한 목적을 가진 경우는 예외적으로 기부자들의 응원을 받고 있다.

2019년에는 1,308건의 기부를 받았고, 2020년에는 1,600건의 기부를 기록했다. 기부건수가 증가하였음에도 금액 면에서는 2019년보다 2020년이 더 적다. 이러한 결과가 나온 이유는 예전에는 기부자가 고향납세 기부금을 한 지방자치단체에 전부 기부하는 방식을 선택했으나, 이제는 여러 지방자치단체에 기부하는 방식을 취하기 때문에 기부건수가 많더라도 적은 기부금액을 받은 것으로 판단할 수 있다.

<표 VI-24> 분쿄구 2015~2020년 고향납세 기부금 추이

| 연도 | 건수 | 금액 |
|---|---|---|
| 2015 | 51건 | 6,214,398엔 |
| 2016 | 69건 | 2,931,177엔 |
| 2017 | 2,379건 | 87,380,385엔 |
| 2018 | 1,027건 | 96,750,510엔 |
| 2019 | 1,308건 | 149,732,137엔 |
| 2020 | 1,600건 | 94,579,000엔 |

출처) 총무성


## 24. 마에바시시(前橋市)-아동보호시설을 떠나 자립하는 청년 지원 프로젝트

### 가. 꿈을 가지고 사회로 나가는 청년을 지원한다(타이거마스크운동 지원 프로젝트)

'아동보호시설을 떠나 자립하는 청년들을 응원합니다.'

크리스마스 날 아동보호시설에 책가방 10개가 배달되었다. 발신인은 어린이 만화 '타이거마스크'의 주인공 '다테 나오토'였다. 언론에서는 앞다투어 타이거마스크 주인공의 기부를 전국적으로 보도하였고, 사회적으로 '타이거마스크운동'이라는 용어까지 생기게 되었다.

책가방 송부자의 정체는 마에바시시에 살고 있는 가와무라 쇼고 씨로 밝혀졌다. 그도 아동보호시설 출신으로 나중에 성인이 되면 어렸을 적에 다른 학생들이 갖고 다녔던 란도셀이라는 일본 학생용 책가방을 아동보호시설에 보내겠다고 다짐하였다. 그는 성인이 되어 돈을 벌게 되자 어릴 적에 결심하였던 꿈을 실천하였다.

마에바시시 시장도 가와무라 씨의 활동을 텔레비전을 통해 알게 되었고, 가와무라 씨의 활동을 계속해서 발전시켜 아동보호시설에서 퇴소하는 청년들을 지원하기로 결정하였다.

'꿈을 가지고 사회에 도전하는 젊은이들을 고향납세로 응원하는 프로젝트!'

가와무라 씨와 마에바시시는 아동보호시설을 떠나 자립하는 청년들을 응원하기 위한 프로젝트를 만들었고, 마에바시시뿐만 아니라 다른 지방자치단체에도 동 프로젝트가 실시되기를 희망하고 있다.

## 나. 마에바시시 소개

마에바시시는 군마현(群馬県)에 있다. 2004년 주변의 3개 마을을 편입하여 인구가 30만명을 넘어섰으나 요즘에는 인구증가율이 낮아지고 있어서 시 전체의 활성화가 무엇보다도 중요한 과제이다. 현재 마에바시시는 시민 누구나가 건강하게 살 수 있는 안전·안심 도시 만들기를 진행하고 있다.

지리적으론 일본에서 두 번째로 큰 강인 도네강의 상류에 위치해 있고, 현청 소재지이며 바다와 120㎞ 떨어진 도시이기도 하다. 간토평야 북쪽 귀퉁이의 아카기산 기슭에 자리 잡은 도시여서 겨울엔 북쪽에서 건조한 바람이 불어와 비교적 따뜻한 편이다. 그러나 여름엔 내륙도시답게 무척 덥다.

마에바시시의 총인구는 33만 7,502명이다. 고령자 비율은 28.6%로 전국 평균 27.6% 수준이며, 아동 비율도 12.2%로 전국 평균 12.4%와 비슷하기에 인구의 자연감소 우려는 없다. 그러나 수도권으로의 인구 이동으로 인해

2018년 국가인구조사에서는 인구가 724명 감소하였다고 발표하였다. 지방교부세율은 9.8%로 전국 평균 11.8%보다 낮아 재정력이 좋은 편에 속한다.

## 다. 마에바시시의 고향납세 기부금

마에바시시의 고향납세 기부금 실적은 2015년부터 계속 증가하고 있다. 타이거마스크운동을 일으킨 사람이 마에바시시에 살고 있고, 그의 기부행동에 공감한 마에바시시 시장은 고향납세 기부금을 아동보호시설 출신 청년들을 위해 사용하고 있다.

아동보호시설 출신 청년들이 자립하고자 할 때에는 여러 가지 지원이 필요하다. 사회에 나가면 생활비 부담이 생각보다 커서 아르바이트를 전전할 수밖에 없어 진학을 포기하는 경우가 많다. 청년들을 도우려는 마에바시시의 프로젝트에 공감하는 기부 행렬이 지금도 이어지고 있다.

<표 Ⅵ-25> 마에바시시 2008~2020년 고향납세 기부금 추이

| 연도 | 건수 | 금액 |
|------|------|------|
| 2008 | 8건 | 1,740,000엔 |
| 2009 | 9건 | 110,000엔 |
| 2010 | 6건 | 585,000엔 |
| 2011 | 3건 | 80,000엔 |
| 2012 | 17건 | 3,163,000엔 |
| 2013 | 20건 | 4,725,000엔 |
| 2014 | 335건 | 23,446,176엔 |
| 2015 | 2,070건 | 91,795,302엔 |
| 2016 | 4,293건 | 276,445,873엔 |
| 2017 | 2,789건 | 166,302,095엔 |
| 2018 | 3,468건 | 114,771,279엔 |
| 2019 | 7,990건 | 222,124,796엔 |
| 2020 | 9,093건 | 221,171,520엔 |

출처) 총무성

### 라. 타이거마스크운동

2010년 크리스마스 날!

마에바시시 아동상담소 출입구에 란도셀이라는 어린이 가죽가방 10개가 놓여 있었다. 가죽가방에는 '다테 나오토(伊達直人)'라는 이름과 "아이들을 위해 써달라"는 메모가 들어 있었다.

다테 나오토는 1960~1970년대 인기 프로레슬링 만화인 '타이거마스크'의 주인공 이름이다. 고아원 출신이었던 다테 나오토는 악역 레슬러를 하면서 번 돈의 일부를 악의 굴인 호랑이굴에 보내고 나머지 돈은 자신을 키워준 고아원에 기부하였다. 그러나 고아원의 경영이 매우 어려워지자, 다테 나오토는 레슬링 수입 모두를 출신 고아원에 보낼 수밖에 없었고 그 대신에 목숨을 건 위기의 레슬링에 임하게 된다.

가와무라 씨가 다테 나오토의 이름으로 아동보호시설에 란도셀을 지원한 행동이 보도매체를 통해 전국에 알려졌고, 그의 아름다운 기부행동에 공감한 많은 시민이 가와무라 씨의 행동을 따라 기부하게 되었다. 그리고 기부행렬은 사회적인 현상이 되어 '타이거마스크운동'이라고 명명되었다.


## 25. 가미시호로쵸(上士幌町) - 10년간 어린이집 무상보육 프로젝트

### 가. 저출산·고령화에 도전장을 내밀다(고향납세 기부금으로 10년간 어린이 무상보육 결정)

가미시호로쵸는 2019년 기준 총인구가 5,000명으로 과소지역으로 지정되어 있다. 그래서 마을의 저출산 대책은 매우 적극적으로 실시되고 있다.

고향납세로 기부받은 돈은 육아와 저출산 대책에 중점적으로 활용된다. 2016년부터는 마을에 있는 어린이집의 보육료를 10년간 완전 무료화한다고 발표하였고, 아이들을 위한 시설 개선에 노력하고 있다.

가미시호로쵸의 인구 증가를 위한 노력들이 전국적으로 보도되면서 응원이 쇄도하였고 2016년 1월부터 2018년 4월까지 실제로 인구가 114명 증가하여 마을 인구는 다시 5,000명을 회복하였다.

## 나. 가미시호로쵸 소개

가미시호로쵸는 홋카이도 도카치 지방의 북부에 위치하고 있다. 마을의 약 76%가 삼림지대로 이루어져 있어서 농업과 낙농업이 주요한 산업이다.

일본 최초의 열기구 대회인 '홋카이도 벌룬 페스티벌'을 열고 있으며, 일본에서 가장 넓은 공공목장인 나이타이고원 목장과 누카비라 온천마을로 유명하다. 여기서 공공목장이란 지방자치단체, 농협, 목야조합 단체가 지역의 축산업을 진흥시키기 위해 젖소나 소의 사육, 번식 혹은 사료 생산을 집단적으로 수행하기 위해 마련한 목장을 말한다.

가미시호로쵸는 과소지역으로 지정되어 있다. 고령자 비율은 34.2%로 전국 평균 27.6%보다 높고 아동 비율도 11.9%로 전국 평균 12.4%보다 좋지 않은 상황이므로 앞으로도 자연감소가 예상되는 지역이다. 그러나 저출산·고령화에서 벗어나고자 하는 마을의 노력으로 2018년 국가인구조사에서 인구가 12명 증가한 것으로 나타났다. 도심지 사람들이 가미시호로쵸로 돌아오고 있는 것이다. 지방교부세율은 34.1%로 전국 평균 11.8%보다 높은 상태이다.

## 다. 고향납세 기부금 현황

2013년부터 가미시호로쵸의 기부금 실적이 늘어나고 있다. 가미시호로쵸는 기부금을 저출산 대책에 사용하고 있다.

2016년부터 마을에 있는 어린이집의 보육료를 10년간 완전 무료화하는 획기적인 계획을 실행하고 있다. 이러한 가미시호로쵸의 결단에 전국의 많은 고향납세 기부자들이 호응하고 있다.

<표 VI-26> 가미시호로쵸 2008~2020년 고향납세 기부금 추이

| 연도 | 건수 | 금액 |
|------|------|------|
| 2008 | 1건 | 50,000엔 |
| 2009 | 26건 | 10,523,956엔 |
| 2010 | 17건 | 10,896,100엔 |
| 2011 | 372건 | 9,841,011엔 |
| 2012 | 969건 | 15,959,020엔 |
| 2013 | 13,278건 | 243,503,104엔 |
| 2014 | 53,783건 | 957,168,617엔 |
| 2015 | 75,141건 | 1,536,559,369엔 |
| 2016 | 95,107건 | 2,124,829,457엔 |
| 2017 | 88,116건 | 1,666,930,163엔 |
| 2018 | 118,522건 | 2,085,441,000엔 |
| 2019 | 83,275건 | 1,550,080,000엔 |
| 2020 | 104,020건 | 1,763,377,000엔 |

출처) 총무성

## 라. 가미시호로쵸 고향기부조례

**제1조(목적)** 이 조례는 기부 사용처에 대한 투명성을 높이고, 가미시호로쵸 정책에 공감하는 사람들의 기부와 의지를 구체화하기 위한 사업에 고향기부금을 활용함으로써 가미시호로쵸를 응원하는 다양한 사람의 참가를 기본으로 한 고향 만들기를 목적으로 한다.

**제2조(사업의 구분)** 전조의 목적을 구체화하기 위한 사업은 다음과 같다.

(1) 협동하는 도시 조성에 관한 기반 조성사업(공공시설 등의 정비)

(2) 새 시대를 이끌어갈 인재 만들기(교육진흥, 청소년 육성)

(3) 스포츠·문화를 진흥하는 지역조성사업(스포츠·문화의 진흥)

(4) 아이 키우기 좋은 환경 조성사업(육아 추진)

(5) 모두가 참여하는 복지도시 조성사업(각종 복지사업 추진)

(6) 활력 있는 마을 조성사업(산업 진흥)

(7) 안전하고 안심할 수 있는 마을 조성사업(지역생활 안정)

(8) 친환경마을 조성사업(환경)

(9) 기타 마을 조성사업

**제3조(기부금의 관리운용)** ① 전조 각호에서 열거한 사업에 충당하기 위하여 기부자로부터 받은 기부금은 마을건설기금으로 관리·운용한다. 다만, 기부자가 마을건설기금 이외의 마을 조례로 정하는 기금을 지정한 경우는 해당 기금에 의하여 관리·운용한다.

② 단체장은 특히 필요하다고 인정되는 경우에는 모집한 기부금을 기금으로 관리·운용하지 않고 일반회계와 각 특별회계 또는 국민건강보험병원 사업 회계에 충당할 수 있다.

**제4조(기부금 지정)** ① 기부자는 제2조 각호의 사업 중에서 자신의 기부금 사용처를 미리 지정할 수 있다.

② 본 조례에 근거하여 받은 기부금 중 전항에서 규정한 사업 지정이 없는 것은 단체장이 필요에 따라 사업을 지정한다.

**제5조(기부 수납)** 기부금의 수납은 수시로 한다.

**제6조(기부금 사용처 보고)** 단체장은 제4조 제2항에서 지정한 경우 및 제2조

각호에서 구분한 사업에 기부금을 사용한 경우는 기부자에게 그 내용을 보고하여야 한다.

**제7조(적용 제외)** 개발사업에서 기인한 기부금 등 규칙에서 별도로 정한 기부에 대해서는 본 조례를 적용하지 않는다.

**제8조(운용상황의 공표)** 단체장은 매년도 이 조례의 운용상황을 공표하여야 한다.

**제9조(위임)** 이 조례의 시행에 관하여 필요한 사항은 규칙으로 정한다.

# 26. 진세키코겐쵸(神石高原町)-개 살처분 금지 프로젝트

## 가. 강아지 돌보기 활동(개를 살처분하지 않는 세상 만들기)

진세키코겐쵸는 개를 살처분하지 않는 세상을 목표로 2020년 11월 1일 '개의 날'에 1억엔을 목표로 한 크라우드펀딩을 시작하였다. 개의 날이란 사단법인 애완동물푸드협회가 1987년 제정한 날로 개가 짖는 소리인 '원, 원, 원'을 덧붙여서 11월 1일로 정하였다.

개를 돌보는 활동에 대해 공감한 전국의 고향납세 기부자들은 81일 만에 5,274만엔을 기부하였다. 진세키코겐쵸의 페이스북(Facebook)에서도 '개 살처분 제로'에 대해 많은 사용자들이 '좋아요'를 눌러주었다. 고향납세제도이기에 가능한 성과이다.

## 나. 진세키코겐쵸 소개

진세키코겐쵸를 아시나요?

히로시마현(広島県) 미야지마와 평화공원에서 약 100㎞ 동쪽에 위치한 마을이다.

인구는 약 9,000명으로, 해발 400~700m의 산지에 약간의 평지와 구릉지로 구성된 중산간지역이다.

인구의 자연감소뿐만 아니라 도심으로의 인구 유출로 전국에서도 빠른 시기에 저출산·고령화 마을이 되어 과소지역으로 지정되어 있다. 그러나 도심에서는 볼 수 없는 풍부한 자연놀이터를 간직하고 있어 여름에는 물놀이, 겨울에는 눈놀이를 체험할 수 있는 곳이기도 하다.

진세키코겐쵸에는 특산품인 토마토를 재배하는 사람, 축산에 도전하는 사람, 무농약을 고집하는 사람, 인근 도시로 통근하는 사람까지 다양한 사람들이 살고 있다. 그리고 텔레워크로 원거리에서도 일을 할 수 있도록 인터넷 환경을 정비하고 있다.

초등학교는 인구가 적어서 작은 규모이나 선생님과 학생이 가깝게 지내고, 스쿨버스를 운영하기 때문에 등하교가 편리하다.

진세키코겐쵸의 총인구는 2019년 기준으로 9,103명이다. 고령자 비율이 46.8%로 높고 아동 비율이 8.3%로 낮아서 향후에도 인구의 자연감소가 예상된다. 2018년 국가인구조사에서도 229명이 줄어든 것으로 나타났다. 지방교부세율도 43.8%로 전국 평균 11.8%에 비해 상당히 높은 편으로 재정력이 약하다.


## 다. 고향납세 기부금 현황

2014년부터 기부금 실적이 증가하고 있다. 진세키코겐쵸는 풍요로운 자연의 혜택을 바탕으로 많은 먹거리를 답례품으로 준비하고 있다.

특히, 2020년 개 살처분을 금지하는 사업을 프로젝트화하여 전국적으로 1억엔의 고향납세 크라우드펀딩을 받았다. 진세키코겐쵸에 대해 처음 들어본 기부자도 개 살처분 금지 프로젝트에 찬성하여 응원의 기부를 하고 있다.

<표 VI-27> 진세키코겐쵸 2008~2020년 고향납세 기부금 추이

| 연도 | 건수 | 금액 |
|------|------|------|
| 2008 | 41건 | 1,388,000엔 |
| 2009 | 37건 | 835,000엔 |
| 2010 | 38건 | 645,000엔 |
| 2011 | 36건 | 620,000엔 |
| 2012 | 59건 | 925,000엔 |
| 2013 | 58건 | 1,620,500엔 |
| 2014 | 3,859건 | 78,623,385엔 |
| 2015 | 15,256건 | 391,172,250엔 |
| 2016 | 21,218건 | 531,444,825엔 |
| 2017 | 21,506건 | 569,038,001엔 |
| 2018 | 20,685건 | 528,958,327엔 |
| 2019 | 28,573건 | 728,995,114엔 |
| 2020 | 29,158건 | 1,155,477,941엔 |

출처) 총무성


## 라. 파이팅! 진세키코겐쵸 고향응원조례

**제1조(목적)** 이 조례는 선조로부터 물려받은 풍요로운 자연, 역사 및 문화를 소중히 여기고 진세키코겐쵸의 마을 조성을 지지하는 개인, 법인 및 기타 단체로부터의 기부금을 재원으로 하여 개인 및 법인이 고향에 대해 갖는 생각을 구체화함으로써 주민 참여에 의한 고향 조성에 이바지하는 것을 목적으로 한다.

**제2조(사업의 구분)** 전조의 기부를 실시한 개인과 법인의 생각을 구체화하기 위한 사업은 다음과 같다.

(1) 차세대 인재육성에 관한 사업

(2) 육아지원 및 청년 주거지원에 관한 사업

(3) 도시조성사업

(4) 마을의 유일한 고교인 '현립 유키고등학교'의 개선사업

(5) '진세키타카하라 지역창조 챌린지기금' 사업

(6) '고향창업가 지원 프로젝트' 사업

(7) 교통약자의 이동 지원사업

(8) 기타 마을 조성 전반에 관한 사업

(9) 진세키코겐쵸 자치진흥회 운영보조금 교부요강에 의한 자치진흥회의 지원

(10) 진세키코겐쵸 특정 비영리활동법인의 지원

(11) 진세키코겐쵸 협동에 의한 도시 조성 추진조례에 의한 지구협동지원 센터 지원

**제3조(기부자에 의한 사용처 지정)** 기부자는 규칙으로 정하는 바에 따라 자신의 기부금 사용처를 미리 지정할 수 있다.

**제4조(기부자에 대한 배려)** 단체장은 기부금의 운용에 있어서 기부자의 의향이 반영되도록 충분히 배려해야 한다.

**제5조(기부금의 운용)** 기부금은 일반회계 세입세출예산에 계상하고, 제2조에서 규정한 사업에 필요한 비용을 충당한다.

**제6조(운용상황 공표)** 단체장은 매년도 종료 후 6개월 이내에 기부금 운용상황을 의회에 보고함과 동시에 광고 등을 활용하여 공표한다.

**제7조(위임)** 이 조례의 시행에 관해 필요한 사항은 단체장이 별도로 정한다.

# VII

# 남소국정과 도성시 사례의
# 심층적 분석

## 남소국정과 도성시의 고향납세제도 활용

본 장에서는 남소국정(미나미오구니쵸)과 도성시(미야코노조시)의 발전계획과 그 발전계획을 실행하는 데에 있어서 각 지방자치단체가 직면하고 있는 과제를 살펴본다. 그리고 각 지역의 경제를 활성화하기 위해 고향납세제도가 어떻게 활용되었는지를 알아보고자 한다.

남소국정은 구마모토현 아소산 자락에 위치한 기초자치단체이다. 남소국정은 과소지역으로 지정되었으며, 향후에도 인구가 감소할 것으로 예상되는 곳이다. 또한 28년 동안 적자를 낸 종합농수산물판매장에는 대담한 변화를 도입할 필요가 있었고 유명 온천인 구로카와 온천 이외에는 관광장소로 추천할 만한 곳이 없다는 과제가 있었다. 남소국정은 과제의 해결을 위해 관광청에서 지원하고 있는 지역관광법인(SMO남소국)을 설립하였다. SMO남소국에서는 남소국정의 발전전략을 계획하였고, 그 실행과정에 있어서 고향납세제도를 활용하여 과제를 해결하고자 하였다.

도성시는 미야자키현과 가고시마현 사이에 위치한 기초자치단체로, 2015년 고향납세 기부액 실적이 일본에서 가장 많았다. 2015년은 정부가 원스톱 제도를 도입하고 공제가능 기부액을 2배로 늘린 해로 1,718개 기초자치단체의 답례품 경쟁은 격화될 전망이었다. 이때 도성시의 자치단체장이 내세운 특화된 답례품 전략과 고향납세 기부금의 전략적인 활용이 고향납세 활용의 본보기가 되었다.

# 1. 남소국정의 고향납세제도 활용

## 가. 남소국정의 현황

### 1) 남소국정의 소개

남소국정(南小国町, 미나미오구니쵸)은 구마모토현 아소군에 위치해 있다. 총면적의 85%가 산림지대로 구성되어 있고 전국적으로 알려진 구로카와 온천을 비롯하여 온천지가 많다. 게다가 향토음식을 판매하는 레스토랑과 지역 식자재를 활용한 카페가 즐비해 있어 국내외 관광객의 발길이 끊이지 않는 곳이다.

그러나 남소국정도 저출산·고령화의 여파와 도시로의 인구 유출로 인해 과소지역으로 지정되어 있으며, 2018년 국가인구조사에서도 인구가 46명 감소하였다고 발표하였다. 지방교부세율은 전국 평균인 11.8%를 훨씬 뛰어넘는 43.5%로 재정력지수가 낮다.

### 2) 남소국정의 발전 과제

남소국정에는 마을의 발전을 위해서 해결해야 할 3가지 과제가 있다.

첫째는 멈추지 않는 인구감소이다. 남소국정의 총인구는 1955년 7,761명을 정점으로 계속해서 감소하고 있다. 2020년 12월 말 인구는 3,926명으로, 2019년 1월 4,080명보다 154명이 줄어들었다. 2060년에는 2,422명까지 감소할 것으로 예상되고 있다.

둘째는 전국적으로 알려진 구로카와 온천마을을 갖고 있는 지역이나 온천이외에는 별다른 발전 자원이 없다는 점이다. 온천관광업은 경기가 좋을 때는 높은 실적을 얻을 수 있으나 날씨가 좋지 않을 때나 경기가 나쁠 때는 그렇지 못하다. 2020년에는 코로나19로 인해 마을 전체가 전혀 수입을 얻지 못하였다. 이러한 상황에 대응하기 위해 남소국정 주민은 마을이 구로카와 온천에만 의존하지 않는 형태로 변해야 한다고 생각하기 시작했다.

셋째는 28년 동안 적자를 내고 있는 종합농수산물판매장인 '기요라카사(きよらカァサ)를 어떻게 변화시켜야 할 것인가?'이다. 남소국정은 1992년 제3섹터 방식으로 농수산물판매장인 기요라카사를 만들었다. 여기서 제3섹터란 제1섹터(국가 및 지방자치단체가 직접 경영하는 공기업)와 제2섹터(민간기업의 운영)와는 다른 제3의 방식으로 설립한 법인으로, 국가나 지방자치단체가 민간과 합동으로 출자 및 경영하는 기업을 말한다. 남소국정은 적자를 내고 있는 기요라카사가 위기에 처할 때마다 증자를 하여 적자를 메워주었다. 이 때문에 7,000만엔의 적자가 쌓여 있다.

## 나. 남소국정의 발전전략

### 1) 준비작업

남소국정에서는 산업 간의 연계가 거의 없었다. 관광업은 관광업, 농업은 농업, 임업은 임업으로 각각 독립적으로 작동하고 있었다. 그리고 외부인에게 있어서도 남소국정은 대개의 경우 구로카와 온천을 방문한 후에 온천 옆에 있는 소바거리에서 소바를 먹는 곳으로만 알려져 있었다.

구로카와 온천 이외의 남소국정 발전을 위한 소재를 찾기 위해 우선 준비작업으로서 주민에게 다음의 항목을 질문하였다.

① 남소국정이 현재 해결해야 할 과제가 무엇이라고 봅니까?

② 누가 과제를 해결할 수 있을까요?

③ 남소국정의 미래는 어떠해야 한다고 생각하십니까?

④ 그 미래를 위해서 지금 무엇을 해야 하나요?

⑤ 당신이 할 수 있는 일은 무엇입니까?

⑥ 남소국정의 어디가 좋은가요?

발전 소재의 발굴과정은 남소국정의 아름다운 경관과 사람들을 연결시킬 수 있는 자원이라면 어떤 것이라도 상품화 가능성이 있다는 가정하에 실시하는 작업이다. 그리고 지역에 대해 애정을 갖고 있는 현지 주민의 목소리를 통해 남소국정의 관광업 이외에 다른 유형 또는 무형의 발전엔진을 탐색하는 작업이기도 하다.

## 2) 구체적인 전략 가설

남소국정의 주민들은 관광자원이 될 만한 것으로 '남소국정에는 명품 삼나무가 있다. 삼나무 숲의 경관이 멋지다', '종류는 많지 않지만 맛있는 고원야채를 수확할 수 있다', '최근 캠핑장과 농가에서 민박을 하려는 사람들이 증가하고 있다', '남소국정에는 일본에서 가장 부끄러운 노천탕이 있다' 등을 이야기해주었다.

주민이 말한 지역자원이 관광자원이 될 수 있는지는 다시 2가지 요건을 만족시킬 수 있는지로 판단할 수 있다. 첫 번째 요건은 지역의 전통산업이나 문화와 관련되어 있는지이다. 남소국정이라면 임업이 전통산업이므로 주민이 말한 내용이 임업과 연결되어 있다면 일회적으로 끝나지 않고 영속성을 가진 관광자원이 될 수 있다. 두 번째 요건은 지역자원과 사람이 연관되어 있는지이다. '민박이 있다', '명품 삼나무가 있다'는 것만으로는 관광자원이 되기는 어렵고 거기에 사람이 포함되어 있으며 외부인에게 공감을 일으킬 수 있어야만 관광자원이 될 수 있다.

일단 관광자원이 될 수 있다고 판단되는 소재라면 다음에는 '매력도 조사'와 '만족도 조사'를 통과해야 사업으로 이어질 수 있다. 이 경우 매력도 조사란 상품을 체험하기 전에 어느 정도로 사람을 끌어당길 수 있는지를 조사하는 것이다. 그리고 만족도 조사란 상품을 실제로 체험해보고 어느 정도 만족했는지를 조사하는 것이다.

### 3) 남소국정의 발전 방향

남소국정의 발전 목표는 다음과 같다.

① 1차 산업을 육성하여 다음 세대에게 아름다운 경관을 물려준다.

② 사업 기회를 확장하여 투자와 인재의 유입을 촉진한다.

③ 깊은 산의 매력을 개발하여 홍보함으로써 남소국정에 흥미를 갖게 한다.

④ 남소국정 주민이 행복해져서 동경할 수 있는 지역으로 성장한다.

이러한 남소국정의 발전 목표를 구체화하기 위해서는 다음의 노력이 필요하다.

ⓐ 관광업과 농림축산업의 지역산업을 융합시킨다.

ⓑ 지역과 업종을 초월하여 다양한 인재들을 연결한다.

ⓒ 남소국정 지역자원의 매력을 향상시키기 위한 다각적인 대책을 마련한다.

ⓓ 슬기로운 산골생활의 매력을 홍보한다.

ⓔ 마을 조성의 노하우를 축적하여 더욱 발전시킨다.

## 다. 남소국정의 추진방향

### 1) 새로운 관광자원을 찾아낸다

관광지역 조성에는 크게 3가지 단계가 필요하다. 1단계가 관광자원을 '찾아낸다'이고, 2단계가 찾아낸 지역을 '개선한다'이며, 3단계가 다른 관광자원과 '연결한다'이다. 지역자원을 발굴해서 그 매력을 최대화하여 지역 이외의 사람에게 전한다는 발상으로, 이 중에서도 가장 중요한 단계가 관광자원의 푸른 싹을 찾아내는 작업이다.

그렇다면 지역의 매력을 어디에서 찾을 수 있을까? 그 해답은 현지 주민이 가장 잘 알고 있다고 할 수 있다. 그런데 문제는 주민은 지역의 매력을 알고 있으나 자신의 일에 바빠서 대부분 지역의 매력을 발전시키려는 생각까지는 미치지 못한다. 그리고 지역 주민이 일상적으로 보고 듣는 것은 어디까지나 생활의 한 부분이기 때문에 주민이 선택한 관광자원이 매력적인지를 판단하는 데 필요한 요소는 외부인의 시점이다.

한 예로, 아나이 슌스케 씨는 제재소의 목재를 활용하여 가구나 물품을 생산하는 주식회사 포레큐(Foreque)를 운영하고 있다. 아나이 씨는 남소국정 출신이다. 그는 도쿄의 컨설팅 기업에서 일하다가 해외유학을 갔고, 유학 후에 다시 남소국정에 있는 친가 아나이 목재공장에서 일하였다.

아나이 씨는 당시에 쇠퇴해가는 남소국정의 임업을 보고 남소국정만의 목재 브랜드를 만들기로 결심했다. 남소국정에서 아름다운 경관과 어우러져 살고 있는 생활 자체가 관광자원이 될 수 있다고 보았기 때문이다. 그리고 남소국정의 지역자원인 오구니 삼나무를 어떻게 하면 상품화할 수 있을지, 지역 외의 사람에게 주목을 받으려면 어떤 스토리가 필요한지와 브랜드 마케팅을 고민하였다.

2017년 아나이 씨는 인테리어 라이프스타일 브랜드인 '필(FIL)'을 설립하였다. 그리고 남소국정이 속해 있는 아소산의 역사와 문화를 곁들인 상품을 개발하였고, 그 상품들은 남소국정의 고향납세 답례품으로 선정되어 1,000만 엔 이상의 기부금을 모으고 있다. 최근에는 구마모토 은행 지점의 내부를 장식하는 물품을 제조하였고, 또한 프랑스 고급 브랜드 카르티에의 캠페인 사이트에 그의 가구가 배치되어 국내외에서 주목을 받고 있다.

## 2) 마케팅과 경영관리를 위한 전문법인을 설립한다

일본 관광청은 지역관광법인인 DMO(Destination Management/Marketing Organization)를 각 지역에 설립할 수 있도록 지원하고 있다. 관광청은 DMO를 '지역에서 수입을 높일 수 있는 힘을 이끌어내고, 지역에 대한 자긍심과 애착심을 찾아내며, 관광지역 조성의 안내인으로서 다양한 관계자와 협력하면서 명확한 콘셉트하에 관광지역 조성을 위한 전략을 만들어내는 조정법인'이라고 정의하고 있다. 쉽게 말하면 관광지역의 조성을 위한 마케팅과 경영을 담당하는 법인이다.

남소국정도 2017년 12월부터 남소국정 DMO법인을 만들기로 결정했다. 그리고 논의를 거듭한 끝에 2018년 6월 '주식회사 SMO남소국'을 설립했다. SMO는 'Satoyama Management/Marketing Organization'의 약칭으로, 남소국을 가리키는 깊은 산(Satoyama)의 자연경관과 생활 속 가치창출로 마을 전체를 윤택하게 하는 조직(Management/Marketing Organization)이라는 의미를 담고 있다.

SMO남소국은 정보전달사업부·관광사업부·경영사업부·고향납세사업부·미래조성사업부 등 5개 사업부를 두고 있다. 관광사업부는 관광협회를 두고 있으며 여행상품의 개발, 관광에 관한 정보전달을 담당한다. 정보전달사업부는 남소국정의 관광, 상품, 서비스, 남소국정 사람들의 생활에 관한 정보전달을 맡는다. 경영사업부는 종합농수산물판매장인 기요라카사를 거점으로 한 지역상품의 판매를 담당한다. 고향납세사업부는 남소국정의 고향납세 업무를 맡는다. 고향납세와 관련한 행정사무 이외에도 답례품이 되는 상품의 발굴과 개발, 고향납세 사이트에 홍보하기 위한 취재 및 정보전달을 담당한다. 미래조성사업부는 인재육성 프로그램의 기획, 미래 프로젝트 조성을 담당한다.

## 3) 남소국정 사업전략 : 세 개의 화살을 쏘다
### 가) 사업의 선택과 집중

첫 번째 화살의 목적은 사업의 선택과 집중으로 적자를 내고 있는 사업의 원인을 분석하여 비용을 절감하고자 했다. 남소국정은 지방자치단체와 민간이 함께 운영하는 제3섹터인 종합농수산물판매장인 기요라카사의 개혁을 시도하였다. 기요라카사는 판매장업과 레스토랑 등 서비스업을 실시하고 있었다. 기요라카사의 판매장 업무는 유지하는 반면에 다른 부분인 레스토랑 사업, 온천관과 버섯센터의 운영에 변혁을 가져오고자 한 것이다.

레스토랑 사업에 대해서는 일단 주방업무를 정지시킨 후에 주방직원을 농수산물판매장 내에 있는 판매부문으로 재배치하였다. 28년간 적자를 내고 있는 레스토랑의 주방은 가동만으로도 전기료 등 한 달에 10만엔 이상이 소요되고 있었다. 방문객이 없는 겨울을 택하여 레스토랑을 휴업시켰고 그곳에서 근무하던 직원을 판매 코너에 배치하여 인력 운영의 효율화를 고려했다.

그리고 버섯센터와 온천관 기요라의 운영을 기요라카사의 업무에서 배제시켰다. 버섯센터는 기요라카사가 위탁받은 버섯재배시설이고 온천관 기요라도 주민배려시설로 기요라카사에 위탁된 시설이다. 그러나 남소국정에는 이미 버섯 농가와 온천이 너무 많이 있는 상태이기 때문에 경쟁이 치열하여 사업 수익을 만들어낼 수 없다고 판단하였다.

한편, SMO남소국과 관광협회의 업무상 중복 기능을 융합시켰다. SMO남소국은 관광협회와 기요라카사를 합쳐서 만든 조직이다. 따라서 두 조직의 회계업무나 행정상 중복업무를 융합해 인력 면에서 효율화를 꾀하였다.

### 나) 사업의 안정화

두 번째 화살의 목적은 고향납세제도를 활용한 사업의 안정화를 도모하는 것이다. SMO남소국은 품질 좋은 고향납세용 답례품을 만들어서 기부자에게 송부하여 재정 기반을 확립해나가고자 하였다.

SMO남소국이 설립되기 전인 2017년 연간 기부액은 1억엔이었다. SMO남소국은 고향납세 기부액을 남소국정의 산간지역에 투자하여 고품질의 농산물을 답례품으로 송부할 수 있다면 더 많은 기부금을 모금할 수 있다고 전망하였다.

그리고 SMO남소국은 오리지널 관광상품을 기획하였다. 남소국정은 2016년 구마모토 지진 이후 방재력을 높이기 위해 소형 무인항공기 드론 사업을 시작했다. 당시 관광협회에서는 드론 사업에 주목하여 '남소국 드론어음'을 판매하고자 하였다. 남소국 드론어음이란 히라노다이(平野台) 전망대를 비롯한 남소국정의 5개소를 드론으로 자유롭게 비행할 수 있게 한 서비스이다. 2017년 설립된 SMO남소국에서는 소형 무인항공기 드론 사업을 전략사업으로 판단하고 본격화하고 있다. 현재는 실제로 드론을 띄울 장소에 가기 전에 남소국정에서 제공하는 지도정보시스템을 통해 사전에 동영상 또는 사진을 볼 수 있게 하는 서비스를 추가적으로 제공하고 있다.

또한 SMO남소국에서는 야채만 진열했던 종합농수산물판매장 기요라카사의 상품을 다양화하기 위해 상품 취득부터 처분까지 전 과정을 분석하였다. 그 결과 관광객이 원하는 상품뿐만 아니라 기요라카사만의 독자적인 상품도 발굴해서 판매하고 있다.

### 다) 남소국정에만 있는 상품 개발

세 번째 화살의 목적은 남소국정만의 상품 개발이다.

먼저 외국인이 찾는 소비시장의 개발이다. SMO남소국이 설립되었던 2018년 약 8만 7,000명의 외국인 관광객이 방문하였다. SMO남소국은 전략사업으로 면세점 정비뿐만 아니라 외국인 관광객의 소비행태를 분석한 소비시장을 만들 것을 제안하였다. 또한 도쿄나 후쿠오카현에 남소국정을 알리는 가이드형 상점을 세우는 구상도 마련하였다.

그리고 '세련된 산골'을 표현할 수 있는 마케팅 활동을 실시하고 있다. 마케팅 활동은 스토리 만들기, 브랜딩 구축 및 마케팅의 추진으로 구성되어 있다. 여기서 스토리 만들기란 지역 내 관광자원의 싹(예, 자연·음식·경관·문화재·체험)을 정리하고 지역만의 특징을 문장화 또는 영상화하여 스토리화하는 것이다. 스토리를 만들 때에는 지역에 대한 새로운 관점, 희소성, 마케팅 시점을 고려하여야 한다. 그리고 브랜딩 구축에서 브랜딩은 다른 말로 고급스럽게 차별화함을 의미한다. 일례로 루이비통 같은 고급 브랜드는 다른 일반 브랜드와 차별화되기 때문에 사람들의 머릿속에 바로 떠

올려지는 것이다. 마지막으로 마케팅 추진이란 설사 기존의 상품이라고 할지라도 상품을 매력적으로 개선하는 것만으로도 마케팅이라 할 수 있으며, 소비자의 다양한 요구에 따라 변화된 모습을 보여주도록 추진하는 것이다.

다음은 지역과 상품 정보를 홍보하는 작업이 필요하다. 정보의 전달에는 지역과 지역 밖을 연결하는 전달이 있고, 지역 내부를 연결하는 전달이 있다. 지역 밖과 남소국정을 연결한다는 의미는 남소국정에 흥미를 가지는 사람들에게 그에 맞는 정보를 전달하는 것이다. 지역 내부를 연결하는 것은 새로운 관광자원을 만들기 위해서는 필연적으로 찬성하는 사람과 반대하는 사람 모두를 설득하고 이해시킬 필요가 있다는 것이다. 새로운 관광자원의 조성과 진행상황에 대해 지역 내 사람들에게 전달하는 작업은 사업을 수월하게 진척시키기 위해서 반드시 필요한 일이다.

## 라. 남소국정의 고향납세 효과
### 1) 고향납세 기부금 상황

다음 표는 2008년부터 2020년까지 남소국정의 고향납세 기부금 추이를 나타낸 것이다. 2015년 일시적으로 고향납세 실적이 증가하였으나 이는 특별한 수치가 아니고 2011년 동일본 대지진의 여파에서 벗어난 국민이 2013년부터 시작된 경기회복으로 고향납세제도에 적극적으로 참여하게 되면서 나타난 전국적인 현상이라고 볼 수 있다.

고향납세 기부금 실적은 2019년부터 급속하게 증가하고 있다. 이렇게 기부금 실적이 크게 늘어난 데는 SMO남소국의 성공이 큰 작용을 하였다. SMO남소국은 마을의 발전 전략인 세 가지 화살을 고향납세제도와 병행하여 실시하였고, 세 가지 화살의 성공으로 답례품과 서비스의 개선이 이루어졌다.

<표 VII-1> 남소국정 2008~2020년 고향납세 기부금 추이

| 연도 | 건수 | 금액 |
|---|---|---|
| 2008 | 3건 | 70,120엔 |
| 2009 | 9건 | 200,000엔 |
| 2010 | 17건 | 1,225,000엔 |
| 2011 | 19건 | 1,330,000엔 |
| 2012 | 10건 | 1,500,000엔 |
| 2013 | 12건 | 1,410,000엔 |
| 2014 | 69건 | 1,040,000엔 |
| 2015 | 3,440건 | 137,257,611엔 |
| 2016 | 2,380건 | 104,534,342엔 |
| 2017 | 2,390건 | 100,411,600엔 |
| 2018 | 5,339건 | 176,564,000엔 |
| 2019 | 37,822건 | 747,686,998엔 |
| 2020 | 61,565건 | 990,564,085엔 |

출처) 총무성

## 2) 남소국정의 변화

### 가) 종합농수산물판매장의 변화

SMO남소국의 첫 번째 화살은 사업의 선택과 집중이다. 농수산물판매장인 기요라카사의 사업을 재검토하여 레스토랑 부문을 개혁함으로써 불필요한 비용을 삭감하고자 하였다.

SMO남소국은 이사회 결의로 2018년 12월 레스토랑을 일단 휴업시켰다. 그리고 레스토랑의 직원을 판매장으로 재배치하였다. 그러나 이 과정은 순탄치 않았다. 재배치되는 과정에서 직원들은 불만을 토로하였고, 남소국정 의회에서 "레스토랑은 공공서비스 차원에서 계속해야 한다"는 주문이 들어오기도 했다. 그러나 레스토랑 부문에서 시작된 기요라카사의 적자를 해결할 수 있는 다른 방안이 없었기 때문에 외부 컨설턴트로 구성된

SMO남소국은 악역을 자처할 수밖에 없었다. 현실적으로 남소국정에 살고 있는 현지 주민이 개혁을 추진하기는 어렵기 때문이다.

### 나) 고향납세 기부금의 대폭 증가

두 번째 화살은 돈을 벌어들이는 엔진의 연료를 만드는 전략이다. 그 엔진의 연료가 고향납세 업무이다.

SMO남소국은 고향납세 업무를 위탁받아 실시하였다. SMO남소국이 설립되기 전 기요라카사의 관장은 고이케 마사시 씨였다. 그는 SMO남소국이 설립된 후 기요라카사 관장직을 그만두고 SMO남소국의 고향납세 업무 전담자가 되었다. 그는 자연식을 취급하는 매장을 운영했던 경력을 바탕으로 답례품을 관리하였다. 다른 지방자치단체의 인기 답례품의 경향을 분석한 후에 고기(축산품)가 가장 인기가 있다는 사실을 알아차리고 구마모토산 말고기와 쇠고기 답례품을 강화하였다. 그리고 주민과 대화를 하면서 새로운 답례품을 개발하였다. 2019년 5월 말 답례품의 개수는 156개가 되었고, 2020년 3월에는 250개까지 늘어났다. 또한 그는 여행업을 했던 경험을 살려 고향납세 사이트의 영상을 바꾸어나갔고, 취재를 통해 상품의 특징과 생산자의 희망을 전달해나갔다.

남소국정의 고향납세 기부금 실적은 놀라웠다. 2017년도에 약 1억엔이었던 기부금액이 2018년도에는 1억 7,000만엔, 2019년도에는 7억 4,000만엔으로 상승하였다.

### 다) 남소국정용 가이드투어의 개발

세 번째 화살은 남소국정만의 독창적인 콘텐츠를 개발하는 것이다.

남소국정용 가이드투어의 담당은 스웨덴 출신의 왈 맥스 씨로 그는 SMO남소국에서 근무하고 있다. 그는 남소국정의 농업과 임업 그리고 민박 사업에 종사하는 주민의 협력을 이끌어내어 남소국정용 사토야마 여행 (깊은 산골 체험형 투어) 상품을 개발하였다.

사토야마 여행 대상은 일본을 좋아해서 자주 방문하는 외국인이다. 일본을 여러 번 찾았기 때문에 일본을 더 깊이 알고 싶어 하는 사람이 대상이다. 이들은 일반 가이드북에서는 찾아볼 수 없지만, 현지인은 잘 알고 있는 장소에 가고 싶어 한다.

다음으로 구로카와 온천에서 일하는 종업원을 위한 도시락 배달서비스를 시작하였다. 온천을 방문하는 손님 응대를 최우선으로 생각하는 온천시설에서는 종업원이 식사를 제대로 할 수 없었기 때문에 종업원을 위한 배달서비스를 시작하였다.

그리고 남소국정의 민속주 생산을 유지시켰다. 남소국정이 위치한 구마모토현 아소군은 국가의 민속주 특구로 인정받고 있다. 민속주의 주재료는 쌀이다. 특히, 남소국정의 민속주는 농약이나 화학비료를 사용하지 않는 쌀을 원재료로 제조한다. 문제는 최근 농가의 비용 부담이 커지면서 쌀을 계속 생산할 수 없는 상황에 놓이게 되었다. SMO남소국에서는 민속주 생산이 계속될 수 있도록 민속주 제조 및 판매 구조를 바꾸었다. 즉, 이제까지는 애플민트 허브농원에서 민속주의 제조 및 판매를 모두 담당하였으나, 애플민트 허브농원은 제조만 담당하게 하고 판매는 기요라카사에서 맡게 하여 허브농원의 부담을 SMO남소국이 분담하는 방식으로 변경하였다.

**라) 인근 지역과 연계한 새로운 사업 추진**

　네 번째 화살은 SMO남소국의 노하우를 인근 지역에 전파하여 공동이익을 창출하는 것이다.

　2020년에 남소국정에서 실시한 창업학교의 노하우를 공유하기 위해 남소국정의 이웃 마을인 우부야마무라에서 아소 파머스캠프를 개최했다. 캠프에는 우부야마무라뿐만 아니라 남소국정과 아소시의 주민도 참가하여 식품 개발에 박차를 가하고 있다.

　SMO남소국은 2020년 5월부터 이웃인 소국정 마을의 고향납세 업무도 지원하고 있다. 또한 마을의 발전목표를 설정하고 목표 달성을 위한 과제 해결방안 및 홍보업무를 돕는다.

　한편 인근 지역과 함께 지역 브랜드화 사업을 시작하고 있다. 남소국정의 종합농수산물판매장의 개혁과 고향납세 실적의 대폭적인 증가를 보면서, 인근 지역에서 남소국정에 사업 연계를 신청하고 있다. 남소국정은 노하우 공유와 함께 새로운 공유가치 창조에 도전하고 있다.


# 2. 도성시의 고향납세제도 활용


## 가. 도성시의 현황

### 1) 지리적 상황

　도성시(都城市, 미야코노조시)는 미야자키현(宮崎県)에서 두 번째로 큰 도시로 미야자키현과 가고시마현의 경계에 위치하고 있다. 2006년 1월 국가정책에 의해 종전의 미야코노조시에 야마노구치정(山之口町)·다카조정(高城

町)·야마다정(山田町)·다카사키정(高崎町)을 합병해서 도성시가 되었다.

주요 산업은 산림업과 농축산업으로 차와 우엉이 재배되고 있고 육우(도성시 소)·젖소·토종닭·돼지를 사육하고 있다. 제조업으로는 농산물 가공업이 활발하고 목공업으로 가구·화궁·목검을 생산한다.

## 2) 도성시의 고향납세 활용방법

도성시의 고향납세 실적은 현 이케다 다카히사 시장의 취임 후인 2014년부터 급속하게 늘어났다. 이케다 시장은 1994년 대장성 근무, 2007년에서 2010년까지 도성시 부시장으로 근무 및 재무성의 주계국 근무 경험을 고향납세제도의 활용에 적용하였다. 2012년 시장으로 당선된 뒤 2016년 제2기 시장 선거에서는 무투표로 당선되었다. 제2기 시장 선거에서 무투표 당선된 이유 중 하나는 제1기 시정에 있어서 고향납세 실적이 전국 1위라는 점이 크게 작용하였다.

도성시의 시정 목표는 '남규슈(南九州)의 모범도시'로 산업·경제·교육 및 문화의 거점도시로 발전하는 것이다. 이러한 시정 목표 아래 농림축산업 성장, 지리적 위치를 활용한 발전, 차세대 아이들을 위한 교육환경의 조성을 추진하고 있다.

이케다 제1기는 위의 3가지 추진항목을 진흥시키기 위해 먼저 부족한 인프라 정비를 목표로 도성시와 시부시시(志布志市) 간 도로(대규모 항만이 있는 가고시마현 태평양 쪽 시부시시와 도성시를 연결하는 대규모 기간도로)의 정비를 위해 시장의 관료 경험과 지역 국회의원의 활동으로 예산을 대폭적으로 증대하였다. 그리고 도성시의 전국 지명도 향상을 위해 '고기와 소주의 마을'이라는 특화된 상품전략을 세워 전국적으로 홍보하였다. 또한 아동을 위한 교

<표 VII-2> 도성시가 자랑하는 3가지 보배

| | |
|---|---|
| **[보배1]** | 미래를 이끌 도성시의 보배는 농림축산업이다. |
| | 생산자와 유통업자가 하나 되어 미야자키 소고기를 일본 최우수로 만들자. |
| **[보배2]** | 미래를 빛낼 도성시의 보배는 도성시의 지리적 위치이다. |
| | 도성시는 여러 지역과 지리적으로 쉽게 접근할 수 있어서 교류가 용이하다. 이러한 지리적 접근성을 활용하여 구급 의료체제의 구축 및 관련 산업의 연계가 가능하다. |
| **[보배3]** | 미래를 이끌 도성시의 보배인 '차세대를 담당할 아이들'에게 좋은 학습환경을 조성할 필요가 있다. |

육환경 개선을 위해 방과 후 아동클럽과 아동지원센터를 증설하였다.

도성시의 총인구는 2019년 기준 16만 5,433명으로 과소지역으로 지정되어 있다. 2018년 국가인구조사에서도 인구가 976명 감소한 것으로 발표하였다. 다만, 긍정적인 수치로는 아동 비율이 전국 평균인 12.4%를 상회하는 13.9% 이고 고령자 비율도 전국 평균과 거의 같은 수치를 보이고 있다는 점이다. 도성시는 도심으로의 인구 유출을 완화시키려고 일자리 만들기 노력을 지속하고 있다. 지방교부세율은 전국 평균 11.8%보다는 높은 21.7%로 재정력지수가 낮으나 다른 과소지역보다는 상당히 건전한 편이다.

## 나. 고향납세 전략

### 1) 도성시의 홍보 전략

이케다 시장은 홍보를 중시하여 2014년 4월 '도성시 홍보과'를 신설하였다. 그리고 '都城'이라는 글자를 모티프로 하여 시의 로고를 만들었다.

2014년 가을부터 도성시의 고향납세 실적은 대폭적으로 개선되어갔다. 기존에는 여러 상품을 연결한 맞춤세트를 답례품으로 준비하였으나, 이케다 시장은 도성시가 고기와 소주 생산량 전국 1위라는 점에서 2014년부터는 고향납세의 답례품도 고기(소·돼지·닭)와 소주로 한정하는 전략을 세웠다. 특히, 당시에는 전국적인 브랜드력을 갖지 못한 도성시 기리시마주조(霧島酒造)의 '구로기리시마(黑霧島)'의 브랜드력 강화 및 유지를 위해 화제성 이야기도 많이 준비하였다. 예를 들면, 100만엔을 기부하면 365병의 소주(1.8ℓ)를 송부하는 기획을 만들어 인터넷상에 화제가 되었다. 실제로 2015년 22건의 100만엔 이상 기부자가 1.8ℓ의 소주를 신청하였다. 도성시로서는 전국적인 주목을 끌기 위한 기획이었는데 실제로 이처럼 신청을 할 것이라고는 예상치 못하였다. 또한 고기와 소주 축제를 만들어 월 2회, 토요일 오후 6시부터 시작했는데 이 기획을 인터넷상으로 알리자마자 1분 동안에 180건의 신청이 있었고 인기상품은 수분 만에 완판되었다.

<표 VII-3> 도성시 2008~2020년 고향납세 기부금 추이

| 연도 | 건수 | 금액 |
|------|------|------|
| 2008 | 22건 | 3,226,000엔 |
| 2009 | 18건 | 2,495,000엔 |
| 2010 | 122건 | 9,150,868엔 |
| 2011 | 39건 | 3,338,178엔 |
| 2012 | 21건 | 2,566,000엔 |
| 2013 | 38건 | 9,641,300엔 |
| 2014 | 28,653건 | 499,823,136엔 |
| 2015 | 288,338건 | 4,231,233,673엔 |
| 2016 | 528,242건 | 7,333,161,142엔 |
| 2017 | 523,164건 | 7,474,219,521엔 |
| 2018 | 638,544건 | 9,562,349,367엔 |
| 2019 | 503,916건 | 10,645,340,769엔 |
| 2020 | 603,807건 | 13,525,480,079엔 |

출처) 총무성

이처럼 답례품 기획 전략이 성공을 거두자 2015년부터는 고기와 술뿐만 아니라 음료·망고·쌀을 답례품 항목으로 추가하였고 2016년에는 55개 사업자가 참여한 고향납세진흥협의회를 발족하였다. 고향납세진흥협의회에서는 약 500만엔을 거출하여 지역산업의 진흥이나 지역 커뮤니티의 활동에 필요한 경비를 보조하는 고향납세진흥지원제도를 만들었다. 도성시의 개인이나 단체, 지역 커뮤니티 등을 대상으로, 지역산업진흥에 대해서는 건당 100만엔, 축제 개최 등 지역 커뮤니티 활동에는 건당 50만엔을 상한으로 지원하고 있다.

## 2) 브랜드 특화

도성시의 답례품 특화 전략은 단숨에 전국으로 퍼져나갔다. 전국적으로 젊은 층에서 소주를 즐기는 문화가 좋은 이미지로 트렌드가 되어가고 있었다.

일본에서 제1차 소주 트렌드는 1970년대 후반에 있었다. 당시 보리소주가 열풍을 일으킨 것이다.

제2차 소주 트렌드는 현재 진행형인 감자소주이다. 감자소주는 실제로 도성시가 위치한 미야자키현보다는 이웃에 있는 가고시마현이 더욱 유명했다. 그래서 2015년 전국 소주 판매량 1위를 자랑하는 도성시 감자소주인 '구로기리시마(黑霧島)'가 가고시마현에서 생산된다고 생각하는 사람들도 있었다.

그러나 도성시의 구로기리시마 소주를 중심으로 한 홍보활동 덕에 소주의 연매출액은 순조롭게 증대하고 있고, 이제 구로기리시마 소주는 미야자키현 도성시에서 생산하고 있다고 전국적으로 알려져 있다.

## 다. 확대하는 고향납세 효과

첫째는 주민 서비스가 다양해지고 소통의 횟수가 증가하고 있다. 도성시는 고향납세 기부금의 사용처로 아동, 환경, 인구대책, 건강, 마을 만들기, 재해대책, 체육·문화, 시장 일임의 8가지를 제시하고 있다. 고향납세 기부자는 '시장에게 일임함'을 가장 많이 신청하여 43.9%에 이르고, 아동 지원이 27.3%로 이 두 가지를 합하면 총 70%에 달한다.

<표 VII-4> 도성시 고향납세 사용용도(2016년)

(단위: 백만엔, %)

| 지정 항목 | 아동 | 환경 | 인구대책 | 건강 | 마을 만들기 | 재해대책 | 체육·문화 | 시장 일임 |
|---|---|---|---|---|---|---|---|---|
| 금액 | 1,157 | 396 | 238 | 171 | 150 | 131 | 127 | 1,858 |
| 구성 | 27.3 | 9.4 | 5.6 | 4.1 | 3.6 | 3.1 | 3 | 43.9 |

출처) 도성시

기부금 재원 활용사례를 살펴보면 다음과 같다. 초등학생들을 위해서 방과 후 아동클럽과 아동지원센터를 추가로 설치하였고, 중학생의 국제적인 감각과 능력을 높이기 위해 '중학생 해외교류사업'을 시작하였다. 또한 인구감소 대책으로 불임치료비를 조성하는 사업을 하고 있다. 마지막으로 '시장에게 일임'한 기부금으로 편의점에서도 각종 행정적인 증명서를 발급받을 수 있도록 '편의점 교부서비스'를 개시하였다.

<표 VII-5> 도성시의 기부금 활용 사례

| 사례 | 내용 |
|---|---|
| 아동 지원 | - 방과 후 아동그룹 사업(확충)<br>- 중학생 해외교류사업(신규)<br>- 아동 독서 추진사업(신규) |
| 환경 지원 | - 모지오카공원 벚꽃 사업 재생 |
| 인구 대책 | - 불임치료비 조성사업(신규)<br>- 이주·정주 추진사업(확충) |
| 건강지원 | - 건강증진시설 이용 조성사업 |
| 마을 만들기 | - 마을 활성화 계획 사업(확충) |

| 재해대책 | - 재해 시 거점지역 중심 긴급촉진사업(신규)<br>- 북소방서 이전 건설사업(신규) |
|---|---|
| 체육·문화 | - 종합 문화홀 주차장 정비사업(신규)<br>- 도성시 운동공원 정비사업(신규) |
| 시장 일임 | - 이와요시지구의 공민관 건설 사업(신규)<br>- 시민협동형 커뮤니티 버스 도입 사업(신규)<br>- 편의점 교부 서비스 사업(신규)<br>- 투표율 향상 대책사업(신규)<br>- 농업 후계자 등 지원사업(신규)<br>- '고기와 소주의 고향' 추진사업(확충)<br>- 고향납세 감사제 개최(신규)<br>- 도성시 스모경기 개최 지원사업(신규) |

둘째, 홍보가 강화되고 지역산업이 활성화되고 있다. 고향납세 전국 1위라는 뉴스가 지역 보도를 시작으로 전국적으로 소개되었다. 도성시의 지명도가 높아져서 2018년 6월에는 관방장관이 도성시를 방문하는 등 전국 지방자치단체의 방문이 계속되고 있다. 정부는 도성시를 지방창생의 성공사례로 보고 있다.

지역산업의 활성화를 위해 초기에는 고기와 소주에 특화한 답례품을 기획하여 성공시켰고, 이러한 성공을 발판으로 2015년부터는 음료나 망고·쌀 등도 답례품 대상에 추가했다. 2016년 4월에는 '고향납세진흥협의회'를 발족하여 지역산업 활성화에 박차를 가하고 있다.

셋째, 고향납세제도의 성공에 있어 직원들의 도움은 절대적이다. 직원의 철저한 품질관리 노력과 고객의 눈높이에 맞춘 서비스가 제도 성공에 결정적인 역할을 한다.

이케다 시장은 "가까운 곳에 있는 보물을 발굴하고 그 보물을 홍보할 수 있는 방안을 연구한다면 어느 지방자치단체라도 고향납세 실적을 늘릴 수 있다고 생각한다. 행정 측면에서도 자기만족적인 관료의식에서 벗어나야 한다. 일의 시작은 도성시 수입 증대이나 점차 전국적으로 많은 사람들이 관심을 보이는 사업들을 만들어나가고 홍보하는 것이 매우 중요하다고 생각했다"고 언급하였다.

## 라. 고향납세 추진 방향

도성시는 과감한 홍보 전략으로 2015년도 고향납세 기부금 모집에서 전국 1위를 차지하였다. 그러나 도성시에서는 여전히 다음의 4가지 과제가 남아 있다.

첫째는 인구감소에 대한 대책이 필요하다. 도성시는 미야자키현에서 두 번째로 많은 인구를 자랑하고 있으나, 2010년 인구 16만 9,602명에서 2015년에는 16만 5,098명으로 5년간 약 4,500명의 인구가 감소하였다. 그리고 2060년에는 약 11만 5,000명이 될 것으로 전망되어 대책 수립이 시급한 상황이다.

도성시는 인구감소 대책으로 고용 창출과 이주 정책을 내세우고 있다. 특히 이주 정책으로 빈집 수선비용의 보조나, 이주를 고려하는 사람들을 대상으로 한 '시범 이주제도'를 신설하여 시행하고 있다. 또한 이주상담회도 적극적으로 실시하여 2014년에는 10건의 상담건수가 있었고, 2016년에는 40건의 상담건수가 있었다.

둘째는 교육 인프라 정비가 필요하다. 이케다 시장은 제2기 시정의 우선과제로 '아이들을 교육하기 쉬운 환경조성'을 내세웠다. 이를 위해 어린이 유치원(보육원) 대기자 해소정책을 실시하고 의료비도 조성하고 있다.

셋째는 중심시가지의 활성화가 필요하다. 통행이 적어진 중심시가지에 있는 오래된 백화점을 철거하고 새로운 민간 복합시설을 유치하고자 노력하였다. 복합시설 중 공공부분은 착공을 시작하였고 민간부분에서도 사업자를 재공모하였다. 그러나 2019년 개업 예정이었던 복합시설을 둘러싸고 현지 숙박업 단체의 반대와 호텔 운영 회사와의 협의가 결렬되는 등 여러 과제들이 불거져 나왔다. 그 결과 민간 복합시설은 그 규모를 줄여 2022년에 개업할 예정이다.

넷째는 지역 활성화를 위한 담당 인력이 필요하다. 주민이 자발적으로 마을 만들기에 참가하는 지역활성화사업을 계속해서 추진할 예정이며, 산간지역에 위치한 기존의 4개 기초단체 행정서비스를 향상시키기 위해 주민의 목소리를 사업에 반영할 인력 배치가 필요하다.

## 마. 도성시의 고향응원기금조례

**제1조(설치)** 고향 도성시를 응원하기 위해 기부한 기부금을 적정하게 관리하고 운용하는 것을 목적으로 지방자치법(1947년 법률 제67호) 제241조 제1항의 규정에 근거하여 도성시고향응원기금(이하 '기금'이라고 한다)을 설치한다.

**제2조(적금)** 기금으로 적립하는 금액은 도성시 일반회계 세입세출예산(이하 '일반회계예산'이라 한다)에서 정하는 금액의 범위 내로 한다.

**제3조(관리)** ①기금에 속하는 현금은 금융기관에 대한 예금 및 기타 가장 확실하면서도 유리한 방법으로 보관해야 한다.

②기금에 속하는 현금은 필요에 따라 가장 확실하고도 유리한 유가증권으로 바꿀 수 있다.

**제4조(운용익금의 처리)** 기금의 운용에서 발생하는 수익은 일반회계예산으로 계상하여 기금에 편입하는 것으로 한다.

**제5조(이체 운용)** 시장은 재정상 필요하다고 인정하는 때에는 기금에 속하는

현금을 확실한 소급환급방법, 기간 및 이율을 정하여 지방회계에 이월하여 운용할 수 있다.

**제6조(처분)** 기금은 고향응원사업의 재원에 충당하는 경우에 한정하여 이를 처분할 수 있다.

**제7조(위임)** 이 조례에서 정하는 것 이외에 기금 관리에 관해서 필요한 사항은 시장이 정한다.

# VIII

# 고향사랑기부제는
# 진화한다

# 1. 기부문화 활성화를 위한 계기가 되길 바란다

## 가. 기부문화 활성화

자연재난은 매년 증가하고 있으나 이러한 재해로 인해 고통을 겪는 이재민 지원을 위한 의연금 모집은 감소하고 있다.

이재민에 대한 의연금은 재해로 인해 피해를 입은 이재민이 당면한 삶을 유지할 수 있도록 국민이 자발적 의사에 따라 기탁하는 금전으로 공공재적인 성격이 강하다. 정부는 재난을 예방할 뿐만 아니라 재난이 발생한 경우에는 피해를 최소화할 의무가 있기 때문에 재난 발생 시에는 피해 복구에 막대한 재정을 지출하고 있다. 국민이 기탁하는 의연금은 이러한 국가의 재정 부담을 줄이는 데 있어서 중요하며 또한 공동체가 합심하여 재난을 이겨낸다는 점에서도 큰 의의가 있다.

기부금은 크게 의연금과 자선적 기부금으로 분류할 수 있다. 의연금은 피해를 입은 사람들에 대한 위문금이므로 이재민을 중심으로 전액을 사용하고 있다. 자선적 기부금은 재해지역에서 활동하고 있는 단체의 활동을 지원하기 위한 재원으로 사용하고 있다.

의연금과 자선적 기부금은 성격이 다름에도 불구하고 자선적 기부금과 동일한 세율로 세액공제를 하도록 규정되어 있다. 그러나 의연금은 자선적 기부금과는 달리 국가가 반드시 지출해야 할 재원을 대체하는 역할을 수행하기 때문에 추가적인 세제 혜택을 부여할 필요가 있다.

## 나. 자연재해와 기부금

### 1) 자연재해와 의연금

#### 가) 자연재난 현황

아래 표는 2010년부터 2018년까지 발생한 자연재난 현황을 나타내고 있다. 2011년 6월과 7월에는 집중호우와 태풍 '무이파'의 영향으로 자연재난이 총 13회 발생하였고, 이로 인해 78명의 인명피해와 7,942억원의 재산피해가 발생하였다. 또한 서울의 광화문 광장이 2년 연속 침수되었고, 우면산 산사태로 인해 재해 예방의 중요성을 깨닫는 계기가 되었다.

2018년 7월에는 폭염으로 인명피해가 발생하였고, 8월에는 전국적인 집중호우로 산사태 및 도심지와 농경지 침수가 일어났다. 특히, 10월에 찾아온 태풍 '콩레이'로 큰 피해를 입었다. 2018년에는 전국 곳곳에서 일어난 크고 작은 자연재해로 인해 53명이 사망하였고 1,413억원의 재산피해가 발생하였다.

<표 VIII-1> 자연재난 발생 현황

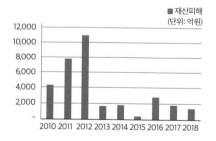

(단위: 억원, 명)

|  | 2010 | 2011 | 2012 | 2013 | 2014 | 2015 | 2016 | 2017 | 2018 |
|---|---|---|---|---|---|---|---|---|---|
| 재산피해 | 4,267 | 7,942 | 10,892 | 1,721 | 1,800 | 319 | 2,884 | 1,873 | 1,413 |
| 인명피해 | 14 | 78 | 16 | 4 | 2 | 0 | 7 | 7 | 53 |

출처) 행정안전부 재해연보

## 나) 총 기부금액 대비 의연금

재해구호법에서는 의연금(품)을 「기부금품의 모집 및 사용에 관한 법률」 제2조에서 정한 기부금품 중 「재난 및 안전관리 기본법」 제3조에서의 자연재난으로 인한 피해 구호를 위하여 반대급부 없이 취득하는 금전이나 물품이라고 정의하고 있다(제2조).

이 경우 「기부금품의 모집 및 사용에 관한 법률」 제2조에서 정하고 있는 기부금품이란 환영금품·축하금품·찬조금품과 같은 명칭과 관계없이 반대급부를 하지 않고 취득하는 금전이나 물품을 말한다. 그리고 「재난 및 안전관리 기본법」 제3조에서 의연금의 대상으로 정한 자연재난이란 태풍·홍수·호우·강풍·풍랑·해일 등 자연현상으로 발생하는 재해로 국민의 생명과 신체 및 재산, 국가에 피해를 주거나 줄 수 있는 것을 말한다.

의연금은 재해로 인해 피해를 입은 이재민이 당면한 삶을 유지할 수 있도록 국민의 자발적인 의사로 기탁한 기부금으로 이재민을 대상으로 사용되고 있다.

다음의 그림에서는 2010년부터 2018년까지 총 기부금액 중 의연금 모금현황을 나타내고 있다. 총 기부금액에서 의연금은 1%를 넘지 못하고 있다. 2018년에는 약 24억원에 그쳐 전체 기부금의 0.02%에 불과한 수준에 머물렀고, 가장 많이 모금된 2011년에도 0.51%에 그치고 있다. 2015년, 2014년 그리고 2013년에는 0.0045% 이하로 반올림이 안 되어서 0.00%로 표기하고 있다.

[그림 Ⅷ-1] 총 기부금액 대비 의연금의 연도별 추이

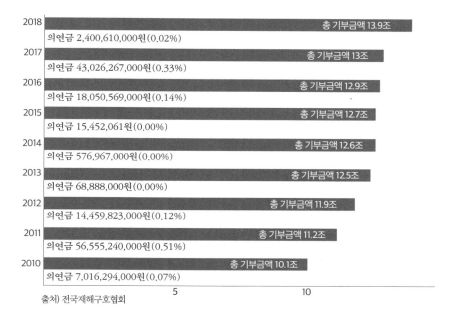

2018 총 기부금액 13.9조
의연금 2,400,610,000원(0.02%)

2017 총 기부금액 13조
의연금 43,026,267,000원(0.33%)

2016 총 기부금액 12.9조
의연금 18,050,569,000원(0.14%)

2015 총 기부금액 12.7조
의연금 15,452,061원(0.00%)

2014 총 기부금액 12.6조
의연금 576,967,000원(0.00%)

2013 총 기부금액 12.5조
의연금 68,888,000원(0.00%)

2012 총 기부금액 11.9조
의연금 14,459,823,000원(0.12%)

2011 총 기부금액 11.2조
의연금 56,555,240,000원(0.51%)

2010 총 기부금액 10.1조
의연금 7,016,294,000원(0.07%)

출처) 전국재해구호협회
5          10

## 2) 기부금에 대한 세제 혜택

### 가) 기부 동기와 기부액

사람들이 기부를 하는 가장 큰 동기는 '기부를 해야 한다'는 인식 때문이라고 한다. 재단법인 아름다운재단에서는 기부문화에 영향을 준 요건과 환경 분석을 통해 기부 동기에 대하여 조사하였다. 그리고 2020년 발간한 『한국 기부문화 20년 조망(2000년부터 2020년)』에 따르면 기부 동기는 ① 동정심 ② 사회적 책임감 ③ 개인적 행복감 ④ 종교적 신념 ⑤ 세제 혜택의 순으로 나타났다.

특히, 2000년대 초반에는 동정심이 기부 동기에서 차지하는 비중이 압도적으로 많아 64.6%였고 사회적 책임감이 다음 순위로 26.6%를 차지하

였다. 다만, 사회적 책임감이 2017년에는 31.3%, 2019년에는 30.8%로 조금씩 수치를 높이고 있다. 그리고 세제 혜택이라는 응답은 여전이 작지만 2017년에는 3.0%, 2019년에는 5.3%로 조금씩 증가하고 있다. 정기기부자의 숫자가 늘어나면서 사람들은 기부에 대한 의미를 조금 더 깊이 인식하고, 세제혜택에도 관심이 증가하고 있는 것으로 보인다.

한편 국제자선단체인 영국자선지원재단(Charities Aid Foundation, CAF)은 세계기부지수(World Giving Index)를 매년 발표하고 있다. 세계기부지수는 CAF가 2010년부터 낯선 사람에 대한 도움, 자선단체에 대한 기부, 자원봉사활동이라는 세 문항을 설문조사하여 응답자 비율을 점수화한 결과이다. 2019년에는 전 세계 125개국 130만명 이상의 데이터를 기반으로 10주년 스페셜 에디션을 발표했다.

<표 VIII-2> 세계기부지수

| | Ranking | Score | Ranking | Score | Ranking | Score | Ranking | Score |
|---|---|---|---|---|---|---|---|---|
| Belgium | 42 | 36% | 72 | 44% | 30 | 39% | 39 | 25% |
| Honduras | 43 | 36% | 56 | 49% | 49 | 28% | 23 | 31% |
| Tajikistan | 44 | 36% | 54 | 49% | 49 | 28% | 23 | 31% |
| South Africa | 45 | 36% | 12 | 63% | 94 | 18% | 37 | 25% |
| Singapore | 46 | 35% | 96 | 39% | 21 | 48% | 59 | 19% |
| Panama | 47 | 35% | 60 | 47% | 43 | 32% | 38 | 25% |
| Taiwan, Province of China | 48 | 35% | 59 | 48% | 32 | 38% | 66 | 18% |
| Colombia | 49 | 35% | 17 | 61% | 71 | 22% | 56 | 20% |
| Saudi Arabia | 50 | 34% | 15 | 62% | 50 | 28% | 92 | 13% |
| Guinea | 51 | 34% | 24 | 57% | 78 | 21% | 45 | 23% |
| Iraq | 52 | 34% | 8 | 65% | 66 | 23% | 94 | 13% |
| Nepal | 53 | 33% | 80 | 43% | 47 | 30% | 34 | 26% |
| Kyrgyzstan | 55 | 33% | 68 | 45% | 33 | 38% | 73 | 16% |
| Cameroon | 56 | 33% | 14 | 63% | 88 | 19% | 75 | 16% |
| Republic of Korea | 57 | 32% | 78 | 43% | 38 | 34% | 53 | 20% |

출처) CAF(Charities Aid Foundation) 10th World Giving Index(2019)

여기서 우리나라는 전체 126개 국가 중 57위에 머물러 있다. 국내총생산 (GDP) 기준으로 기부금 비중을 살펴보면, 우리나라는 경제 규모에 비해서 기부에 인색하다는 평가를 할 수 있다. 다만, 우리나라는 아래 그림처럼 기부금 총액이 매년 증가하는 추이를 보이고 있다.

아래의 그림은 국세청에 신고된 개인기부금과 법인기부금 그리고 총 기부금을 나타내고 있다. 1999년 기부금 실적은 총 1.6조원이었으나 2000년에는 총 3.9조원이 되었고 2018년에는 13.9조원으로 급증했다. 개인기부금은 1999년에 9,000억원에서 2000년에는 2.2조원, 그리고 2018년에는 8.8조원으로 증가했다. 법인기부금은 1999년 7,000억원에서 2000년에는 1.6조원, 2018년에는 5.1조원이 되었다.

[그림 VIII-2] 우리나라의 기부금 추이

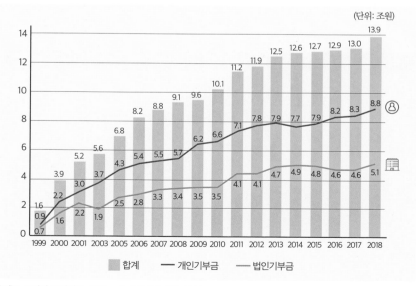

출처) 1. 국세청 통계연보, 2019.   2. 아름다운재단, 2020.

## 나) 자선적 기부금에 대한 세제 혜택

개인기부금의 성장에 있어서 특징적인 점은 종교기관에 대한 기부금이 개인기부금 중 약 80%를 차지한다는 점이다. 아래의 표는 2007년부터 2014년까지 개인기부금 중에서 종교기관에 대한 기부금을 나타내고 있다. 2014년에는 74% 정도를 차지하였는데, 2015년에는 84.5% 그리고 2016년에는 85.1%를 기록하고 있다.

종교단체 기부금은 지정기부금에 해당할 경우 연말정산 시 세제 혜택을 받을 수 있다. 그런데 2014년 세제개편으로 인해 근로소득에 대한 소득공제가 세액공제로 전환되면서 소득 수준이 높은 납세자가 기부금으로부터 받는 혜택이 감소하였음에도 불구하고 종교기관에 대한 기부금은 꾸준히 증가하고 있다. 종교단체 기부에 대한 의사결정에 있어서 세제 혜택이 거의 영향을 미치지 않는다는 점을 알 수 있다.

<표 VIII-3> 연도별 종교기부금 추이

| 연도 | 종교기부금(억원) | 총기부금(억원) | 종교기부금 비율(%) |
|------|------|------|------|
| 2007 | 56.8 | 76.9 | 73.9 |
| 2008 | 62.2 | 80.8 | 77.0 |
| 2009 | 67.2 | 91.8 | 73.2 |
| 2010 | 67.5 | 92.3 | 73.1 |
| 2011 | 63.7 | 85.6 | 74.4 |
| 2012 | 62.8 | 87.9 | 71.4 |
| 2013 | 59.4 | 88.2 | 67.3 |
| 2014 | 60.8 | 81.8 | 74.3 |
| 2015 | 84.8 | 100.4 | 84.5 |
| 2016 | 99.2 | 116.6 | 85.1 |
| 평균 | 68.4 | 90.2 | 75.9 |

출처) 1. 송헌재, 고선, 김지영, 2019. 2. 아름다운재단, 2020.

종교적 기부금과 자선적 기부금은 조세 정책적으로 동일하게 취급받고 있지만 본질적으로 다른 성격을 갖고 있다. 종교적 기부는 개인의 신념이나 신앙에 따른 기부인 데 반하여 자선적 기부는 타인에 대한 이타적인 기부의 성격이 강하고 또한 상대적으로 공공재적인 성격이 짙다. 문제는 자선적 기부금이 축소되면 복지사업을 수행하는 사회복지기관의 사업이 축소될 수 있다는 점이다. 그렇게 되면 민간에 의존해서 실시하고 있는 국민복지사업을 정부가 지원하거나 또는 대신해서 수행해야 하는 결과를 초래할 수 있다.

다음의 그림은 2008년부터 2018년까지 국세청에서 조사한 개인기부금, 법인기부금 그리고 종교기부를 제외한 개인기부금의 규모를 나타내고 있다. 2008년 개인기부금은 5.7조원이었으며 그중에서 종교기부를 제외한

[그림 Ⅷ-3] 개인기부금, 법인기부금, 종교기부 제외 개인기부금의 규모

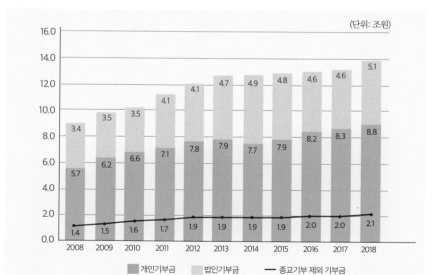

출처) 1. 국세청 통계연보, 2019.  2. 아름다운재단, 2020.

개인기부금의 실적은 1.4조원이었고 종교기부금 실적은 4.3조원이었다. 그 후 종교기부금 실적은 점차 증가하여 2018년 개인기부금 8.8조원 중에서 종교기부금은 6.7조원에 이른다.

위와 같은 실적을 통해 개인기부금 중 자선적 기부금의 실적을 증가시키기 위해서는 세액공제율을 인상할 필요가 있다는 분석이 나온다. 특히 자선적 기부금은 종교기부에 비해서 공제율의 변경에 다소 민감한 반응을 보이기 때문에 공제율의 인상은 기부금 실적 향상으로 이어질 수 있다.

### 다) 의연금에 대한 세제 혜택

정부는 재난을 예방하고 재난 발생 시 피해를 최소화할 의무가 있기 때문에 재난이 발생한 경우 피해 복구 등에 막대한 재정 지출이 소요된다. 의연금은 이러한 국가의 재정 부담을 줄이는 데 중요한 역할을 할 뿐 아니라, 공동체가 합심하여 재난을 이겨낸다는 점에서도 커다란 의미가 있다.

따라서 의연금에 대한 획기적인 세제 혜택이 필요하다. 의연금을 일정금액까지 전액 세액공제하는 방식으로 개편할 필요가 있다. 의연금은 2018년 약 24억원 모금에 그쳐 전체 기부금의 0.02%에 불과한 수준에 머물러 있다. 가장 많이 모금된 해에도 0.5% 수준에 그치고 있다.

재난 예방과 피해 최소화는 정부의 책무이기 때문에 의연금이 적게 걷힌 만큼 전액 예산 지출로 충당할 수밖에 없으므로 의연금은 공공재적 성격이 매우 강하다. 굳이 어렵게 세금을 걷어서 구호금으로 사용할 필요 없이 국민의 정성이 담긴 의연금으로 재난을 구호할 수 있다면 우리 사회가 한 단계 더 성숙할 수 있는 계기를 마련할 수 있다.

## 다. 의연금 모금의 활성화 방안

### 1) 의연금 특례

자연재난은 매년 증가하고 있으나 이러한 재해로 인해 고통을 겪는 이재민에 대한 피해보상과 생활 안정을 돕기 위한 의연금 모집은 감소하고 있기 때문에 의연금 모집 활성화를 위한 대책이 긴요하다. 현행 의연금 공제는 법정기부금으로 규정되어 있으나 세액공제율은 다른 자선적 기부금과 동일하다. 그러나 다른 기부금과는 달리 의연금은 공공재적 성격이 매우 강하다는 점을 유의해야 한다.

의연금은 국가가 반드시 지출해야 할 재원을 대체하는 역할을 수행하기 때문에 의연금 기부자에게 손금산입특례 적용을 부여하여 모금을 활성화할 필요가 있다. 현재 손금산입특례 적용을 받는 대표적인 기부금은 정치자금에 대한 기부이다. 정치자금에 대한 기부금에 대하여 손금산입특례를 규정한 이유는 정당 또는 정치인이 소액 기부를 하는 다수의 후원자로부터 기부금을 받도록 유도하기 위해서이다.

투명하고 깨끗한 정치문화의 공공재적 성격에 공감한다. 그리고 이러한 손금산입특례가 우리나라 정치수준을 한 단계 상승시키는 데 많은 기여를 했다는 점에 대해서도 동의한다. 의연금 또한 정치자금과 마찬가지로 공공재적 성격이 매우 강하다. 특히 재난은 국가의 책임이기 때문에 기부금을 통해 지원을 한다면 별도로 세금을 징수하여 예산을 배정하는 등의 번거로운 과정을 거치지 않을 뿐 아니라 국민의 자발적 성금을 통한 지원이라는 점에서 일석이조 이상의 효과가 기대된다.

## 2) 고향사랑 기부금법 시행령에 의연금 명시

2021년 정기국회에서 고향사랑 기부금법이 통과됐다. 고향사랑 기부금법은 고향에 대한 건전한 기부문화를 조성하고 지역경제를 활성화함으로써 국가균형발전에 이바지함을 목적으로 하고 있다. 여기서 '고향'이란 본인이 거주하지 않는 지방자치단체를 의미하며, 기부받은 지방자치단체는 해당지역의 주민복리 증진 등의 용도로 재원을 사용한다.

고향사랑 기부금법이 통과된 이후 국회에서는 조세특례제한법을 개정하여 고향사랑기부금에 대해 정치자금과 동일한 손금산입특례를 규정했다. 지방의 인구가 감소하고 저출산·고령화 문제가 우리 사회의 커다란 과제라는 점에서 지역균형발전의 중요성에 대한 공감대는 충분히 형성돼 있다고 판단된다.

지역균형발전에 있어 최우선적인 과제는 재난지역에 대한 지원이다. 주민복리증진은 재난을 극복한 이후에 가능하기 때문이다. 그러므로 지방자치단체가 고향사랑기부금의 사용처를 조례로 규정할 때 반드시 의연금을 사용처 중 하나로 명시하는 방안을 제안한다.

일본에서는 고향납세제도와 크라우드펀딩 방식을 결합한 거버먼트 크라우드펀딩을 활용하여 의연금을 모집하고 있다. 규슈시, 우마지무라 그리고 도쿄 스미다구에서는 재난대응 프로그램을 마련하여 크라우드펀딩을 통해 기부금을 모금하고 있다.

거버먼트 크라우드펀딩이란 재난 등 특정한 목적을 위해 사람들이 금전이나 물건으로 응원하는 크라우드펀딩 방식에 고향납세제도를 적용한 것이다. 크라우드펀딩의 실행자는 지방자치단체이고, 고향납세 기부금이 특정 목적에 사용할 투자금이 된다.

일반 크라우드펀딩과 고향납세제도를 이용한 거버먼트 크라우드펀딩은 다르다. 일반 크라우드펀딩은 창의적인 아이템을 가진 기업가가 온라인 중개업자의 온라인 플랫폼을 활용하여 다수의 소액투자자로부터 초기 자금을 조달한다. 창의적인 아이템이 사업화하기까지는 상당한 시간이 소요되기 때문에 다수의 소액투자자를 보호해야 하므로 법적 규제가 필요하다. 이에 반해서 고향납세제도를 이용한 거버먼트 크라우드펀딩은 지방자치단체가 기획자로 코로나19 대책이나 기타 재해 대책 등 특정 목적을 프로젝트화하며, 프로젝트화된 투자사업의 수익은 투자자에게 돌려줄 필요가 없는 대신에 투자금인 고향납세 기부금은 전액 세제 혜택을 받는다. 다만, 투자자가 기대하는 성과를 공개(홍보)하지 않으면 향후에 다른 사업을 크라우드펀딩 방식으로 모집하기 어렵다. 일반 기업과 달리 지방자치단체의 사업은 주민의 이익과 직접적으로 관련되어 있기 때문에 전략수립 시점에서 다양한 측면을 고려할 필요가 있다.

그리고 통상의 고향납세제도와 거버먼트 크라우드펀딩도 다르다. 통상의 고향납세제도의 경우 기부자는 답례품의 종류와 내용에 중심을 두고 지방자치단체를 선택한다. 이에 반해서 거버먼트 크라우드펀딩은 기부금의 사용목적이 중요하다.

규슈시는 2020년에 코로나19 대응 프로그램을 크라우드펀딩을 이용하여 실시함으로써 높은 고향납세 기부금 실적을 거두었다. 일반적으로 규슈시처럼 큰 도시의 경우는 고향납세제도의 취지상 기부금 실적이 평균보다 낮은 것이 보통이나, 규슈시는 시민이 공감할 수 있는 프로그램을 만들어 성과를 이뤘다는 점에서 많은 지방자치단체의 주목을 받았다.

우마지무라에서는 코로나19와 싸우고 있는 의료진에게 감사의 마음을 전하자는 주민의 목소리를 받아들여 우마지무라 마을뿐만 아니라 인근 마을의 의료종사자 500여명에게 특산품인 우마지무라산 유자 꿀과 음료 그리고 온천 입욕권을 전달하는 프로젝트를 마련하였다. 그리고 우마지무라의 의료진 지원사업에 공감해주는 고향납세 기부자에게 답례품으로 '우마지무라 드링크'를 한정 제작하여 송부하였다.

우마지무라처럼 인구가 적은 과소지역의 마을에서는 인력의 부족뿐만 아니라 아이디어의 부족으로 고향납세제도를 활용하기 어렵다. 그러한 상황에도 불구하고 우마지무라는 크라우드펀딩을 통해서 의료종사자 지원사업을 진행하였다. 시민이 공감할 수 있는 프로그램과 답례품을 만들어서 홍보한 우마지무라의 노력에 많은 고향납세 기부자들은 기부의 응원을 보냈다.

도쿄 스미다구는 '스미다의 꿈 응원 조성사업'을 실시하고 있다. 조성사업은 민간사업자의 프로젝트에 고향납세를 활용한 크라우드펀딩을 제공하는 방식을 도입하여 많은 기부자의 응원을 받았다. 2021년에는 어린이 미래 만들기 프로젝트, 다몬지 교류농원 프로젝트, 이동식 놀이터 프로젝트, 음악의 힘으로 사람과 도시를 건강하게 프로젝트, 방재관광 보자기 프로젝트를 시행하였다. 이 중 방재관광 보자기 프로젝트는 지역 방재를 담당하는 인재 만들기 사업이다. 재해의 위험 속에서 자신을 지키는 지혜를 가질 수 있도록 방재관광 보자기에 방재 정보나 관광명소를 나타낸 그림 지도 등을 넣어 사람들이 쉽게 방재에 대해 습득할 수 있도록 하고 있다.


## 2. 답례품 중 수도권 지역사랑상품권은 제한할 필요가 있다

### 가. 지역사랑상품권 도입 취지

지역사랑상품권은 지방자치단체가 발행하고 해당 지역의 가맹점에서 사용하는 상품권이다. 지역사랑상품권법에서는 지역사랑상품권을 지역상품권·지역화폐 등 그 명칭 또는 형태와 관계없이 지방자치단체의 장이 일정한 금액이나 물품 또는 용역의 수량을 기재하여 증표를 발행·판매하고, 그 소지자가 지방자치단체의 장 또는 가맹점에 이를 제시 또는 교부하거나 그 밖의 방법으로 사용함으로써 그 증표에 기재된 내용에 따라 상품권 발행자 등으로부터 물품 또는 용역을 제공받을 수 있는 유가증권, 선불전자지급수단 및 선불카드라고 정의하고 있다(제2조).

지방자치단체가 지역사랑상품권을 발행하는 이유는 지역사랑상품권의 사용을 통해서 재래시장과 골목상권을 보호하고, 지역 자금이 타 지역으로 유출되는 것을 방지하여 지역 내 거래·생산·소비의 선순환 경제구조를 형성함으로써 자영업자와 소상공인의 소득을 증대시키는 효과를 얻기 위함이다.

## 나. 수도권 지역사랑상품권의 사용 제한이 필요하다

고향사랑 기부금법에서는 지방자치단체가 해당 지방자치단체의 관할구역에서만 통용될 수 있도록 발행한 상품권 등 유가증권을 답례품의 하나로 규정하고 있다(제9조 제2항 제2호). 일본의 고향납세제도가 답례품의 과열 경쟁으로 부작용이 발생할 수 있다는 우려에서 지역사랑상품권을 포함하여 현금성자산을 답례품 항목에서 제외한 점과 비교하면 매우 이례적이다.

고향사랑 기부금법에서 지역사랑상품권을 답례품으로 규정한 이유는 무엇일까? 고향사랑기부제가 지역경제 활성화를 목적으로 도입된 제도라는 점에서 지역사랑상품권의 도입 취지와 동일하며, 또한 지역사랑상품권은 특정지역에서만 사용할 수 있다는 점에서 비록 현금성 자산이지만 답례품으로 인정한 것으로 볼 수 있다.

그러나 수도권의 지역사랑상품권이 지역균형발전을 위한 고향사랑기부제의 취지에 합당한 답례품인지에 대해서는 의문이 있다. 특히 서울특별시에서 발행한 지역사랑상품권의 경우는 서울은 물론 경기도나 인천시에서 출퇴근하는 직장인이나 통학하는 학생이 쉽게 사용할 수 있다. 이들이 인천시에 거주하고 있지만 직장이나 학교가 서울시 마포구인 경우 만일 서울시 마포구에 고향사랑 기부를 하고 지역사랑상품권을 받아서 사용하게 되면 결과적으로 현금으로 답례품을 받은 것과 동일한 효과를 얻을 수 있게 된다.

이러한 결과는 지역사랑상품권의 발행 이유가 지역사랑상품권의 사용을

<표 VIII-4> 2020년 시·도별 지역사랑상품권 판매실적

(단위: 억원)

| 구분 | 국비지원 발행규모 | 국비지원 규모 중 판매액 | 지원규모 대비 비율 | 지자체 자체 발행 판매액 | 총판매액 | 지원규모 대비 총판매액 비율 |
|---|---|---|---|---|---|---|
| 계 | 95,642 | 92,401 | 96.60% | 40,515 | 132,916 | 139% |
| 서울 | – | – | – | 5,484 | 5,484 | |
| 부산 | 8,100 | 9,004 | 111.20% | 3,381 | 12,385 | 152.90% |
| 인천 | 11,065 | 11,065 | 100% | 13,880 | 24,945 | 225.40% |
| 광주 | 6,100 | 6,151 | 100.80% | 0 | 6,151 | 100.80% |
| 대전 | 6,500 | 6,500 | 100% | 1,717 | 8,217 | 126.40% |
| 울산 | 3,000 | 3,317 | 104.60% | 16 | 3,153 | 105.10% |
| 대구 | 2,995 | 3,000 | 100.20% | 193 | 3,193 | 106.60% |
| 세종 | 1,870 | 1,746 | 93.40% | 0 | 1,746 | 93.40% |
| 경기 | 16,588 | 16,420 | 99% | 8,680 | 25,100 | 151.30% |
| 강원 | 3,187 | 2,879 | 90.30% | 798 | 3,677 | 115.40% |
| 충북 | 3,250 | 3,106 | 95.60% | 1,511 | 4,617 | 142.10% |
| 충남 | 5,023 | 4,118 | 82% | 928 | 5,046 | 100.50% |
| 전북 | 9,471 | 8,409 | 88.80% | 1,527 | 9,936 | 104.90% |
| 전남 | 5,060 | 4,151 | 82% | 916 | 5,067 | 100.10% |
| 경북 | 7,480 | 7,241 | 96.80% | 570 | 7,811 | 104.40% |
| 경남 | 5,753 | 5,418 | 94.20% | 904 | 6,322 | 109.90% |
| 제주 | 200 | 56 | 28% | 10 | 66 | 33% |

통해서 재래시장과 골목상권을 보호하고 지역 자금이 타 지역으로 유출되는 것을 방지하려는 점과 상반되는 효과를 낳게 되며, 수도권과 비수도권 간의 소득격차를 더 크게 벌릴 수 있는 문제점을 발생시킬 수 있다.

그러므로 고향사랑기부금이 단순한 재테크의 수단이 아닌 제도 본래의 목적대로 지역경제 활성화에 기여하는 재원으로 사용될 수 있도록 수도권, 특히 서울지역의 지역사랑상품권을 답례품으로 허용하는 정책은 재검토가 필요하다.

참고로 위의 표에서는 2020년 지역사랑상품권의 판매실적을 나타내고 있다. 서울·경기·인천의 수도권 세 지역에서 발행한 지역사랑상품권이 5조 5,529억원(서울 5,484억원, 인천 2조 4,945억원, 경기 2조 5,100억원)으로 지역상품 총판매액 13조 2,916억원의 약 42%를 차지하고 있다.


# 3. 기업형 고향사랑기부제를 도입할 수 있을까

## 가. 제도 개요

일본의 기업형 고향납세제도는 지역발전정책인 지방창생정책(地方創生政策)과 연관되어 있다. 지방창생사업에 대한 법인의 기부를 늘리기 위해서 2016년 개인용 고향납세제도를 참고하여 기업형 고향납세제도(지방창생지원세제로도 불림)를 신설하였다.

지방창생정책은 일본정부의 지역발전정책 중 하나이다. 인구감소와 수도권으로의 인구집중 현상을 완화하면서 동시에 지방의 인재 확보와 다양한 취업기회를 만들어서 지역사회에 활력을 불어넣는 정책이다.

지방창생정책은 2014년에 제정된 「지역, 인재, 일자리 창생법」과 「지역재생법」에 근거하여 시행되고 있다. 「지역, 인재, 일자리 창생법」은 지역 활성화 정책을 통해서 일본의 저출산·고령화, 지방의 과소화, 수도권의 과밀화 문제를 해결하고자 제정된 법률이며, 「지역재생법」은 지역자산을 활용하여 지역의 자생적인 성장기반을 확충하고 지속가능한 지역발전을 도모하고자 제정된 법률이다. 기업형 고향납세제도는 지역의 재정지원과 관련되어 있다.

기업형 고향납세제도와 개인용 고향납세제도는 지방자치단체의 세원을 증가시킨다는 점에서 유사하다. 다만, 개인용 고향납세제도는 순수한 기부제가 아니며 수도권과 비수도권 간의 세원이전 문제를 납세자의 의지에 의해서 해결하는 제도이다. 따라서 고향납세자의 부담이 가중되지 않아야 하므로 고향납세액의 전액을 공제하고 있다. 이에 대해서 기업형 고향납세제도는 지방자치단체가 실시하고 있는 지방창생사업에 대한 민간기업의 기부이므로 다른 법정기부금처럼 기부금의 일정액만을 공제하고 있다.

한편, 기업형 고향납세제도의 도입에 있어서 가장 우려하였던 문제는 기부금을 유치하고자 하는 지방자치단체 간의 과열경쟁으로 인해 지방자치단체와 기업이 유착할 수 있다는 점이다(중의원, 제190회 국회). 이러한 우려에도 불구하고 기업형 고향납세제도를 도입한 이유는 지방 활성화가 시급했기 때문이다. 그래서 기업형 고향납세제도는 지방자치단체와 기업의 유착을 막기위한 지방창생사업의 목적과 내용을 명시하는 작업이 필요하다.

## 나. 기업형 고향납세 공제내역

법인이 지방창생사업에 기부를 하면 일반기부금 공제와 기업형 고향납세제도의 공제를 받을 수 있다.

기업은 일반 기부금 공제로서 전액 손실금 산입으로 약 30%의 세금을 경감받는다(법인세법 제37조). 그리고 이에 추가하여 기업형 고향납세제도에 의해 법인주민세와 법인사업세에서 세액공제를 받는다. 즉, 법인주민세에서 기부액의 20%(상한: 법인세할의 20%)와 법인사업세에서 기부액의 10%(상한: 사업세액의 20%)를 세액공제받는다.

만일 법인주민세가 세액의 상한에 도달해서 기부액의 20%를 공제할 수 없다면 그 부분은 기부액의 10%(상한: 법인세액의 5%)를 상한으로 법인세에서 세액공제받는다(지역재생법 제13조의2, 지방세법 부칙 제8조의2의2, 제9조의2의2, 조세특별조치법 제42조의12의2).

결과적으로 일반 법인기부에 의한 30%의 소득공제와 기업형 고향납부제도에 의한 30%의 세액공제로 총 60%를 경감받을 수 있다.

<표 Ⅷ-5> 법인기부금 공제구조

| 법인기부금 손금산입 (국세+지방세, 약 30%) | 기업형 고향납세 세액공제(30%) | | 기업 부담 (약 40%) |
|---|---|---|---|
| | 법인사업세 (10%) | 법인주민세 (부족분 법인세 20%) | |

기업형 고향납세제도의 경우는 기부금의 최저하한액이 10만엔이다. 그리고 기부대상 지방자치단체를 재정 확보가 필요한 지역으로 제한하므로 도쿄처럼 세원이 풍부한 지방자치단체는 기부대상에서 제외하고 있다(내각부 지방창생추진사무국).

## 다. 기업형 고향사랑기부제 도입방안

법인의 기부금 공제액에 대해 공제액을 현행보다 두 배 이상해서 법인이 고향사랑 조세제도에 적극 참여하는 방안을 제안한다.

2008년 금융위기 그리고 2020년 코로나19 이후 국민총소득 중 법인소득의 몫이 개인소득에 비해 계속 증가하고 있다. 법인이 보유한 현금성자산은 계속 커지고 있는 반면에 가계부채의 증가로 개인의 가처분소득은 축소되고 있다. 이처럼 상대적으로 자금 여력이 있는 법인이 열악한 지방재정을 위해 보다 더 적극적으로 기부할 수 있는 방안 마련이 필요하다. 다만, 고용창출처럼 특정한 목적을 위해 기부한 경우에만 인정함으로써 기업형 고향납세제도를 이용하여 기업이 경제적인 이익을 취하지 못하도록 투명화 조치가 필요하다.

도입방안은 6가지 조건으로 나눌 수 있다. 첫째, 기부할 지방자치단체를 선택한다. 법인은 기부하고자 하는 기초자치단체 또는 광역자치단체를 지정해서 연도 내에 입금을 완료한다. 둘째, 고향사랑기부금을 납입한 법인에 대해 특별공제로 기부금 공제를 추가적으로 인정한다. 셋째, 특정한 목적을 위해 기부하도록 한다. 넷째, 기부를 받은 지방자치단체는 기부금을 주민참여예산으로 편입하여 지출한다. 다섯째, 주민참여예산의 지출현황을 공개한다. 지방자치단체와 법인 간의 유착 우려를 불식시키기 위함이다. 여섯째, 기부자로부터 정책 평가를 받는다. 기부자가 기부금 사용 결과를 확인하고 평가하여, 그 만족도를 공개한다.

## 1. [우리나라] 고향사랑 기부금에 관한 법률(약칭: 고향사랑 기부금법)

(Ⅱ. 우리나라 고향사랑 기부제도 알리기 3. 고향사랑 기부금법)

## 2. [일본] 고향납세제도 지방세법과 소득세법

(Ⅳ. 일본 고향납세제도의 변화를 읽어보자 2. 고향납세제도의 주요 내용 가. 고향납세제도의 의의)

가. 지방세법

나. 소득세법

## 3. [일본] 총무성 고시 179호

(Ⅳ. 일본 고향납세제도의 변화를 읽어보자 3. 시행착오를 겪다 가. 고향납세 지정제도)

## 4. [일본] 과소지역의 지속적인 발전지원에 관한 특별조치법 일부 규정

(Ⅴ. 기부의 힘! 지역소멸의 해법을 찾다 1. 일본의 소멸위기지역 가. 지방인구의 감소와 소멸위기 대응법률)

## 5. [우리나라] 국가균형발전 특별법 일부 규정

(Ⅴ. 기부의 힘! 지역소멸의 해법을 찾다 2. 우리나라 인구감소지역 가. 인구감소지역 89곳 지정)

# 1. [우리나라] 고향사랑 기부금에 관한 법률(약칭: 고향사랑 기부금법)

(Ⅱ. 우리나라 고향사랑 기부제도 알리기 3. 고향사랑 기부금법)

---

**제1조(목적)** 이 법은 고향사랑 기부금의 모금·접수와 고향사랑기금의 관리·운용 등에 관하여 필요한 사항을 정하여 고향에 대한 건전한 기부문화를 조성하고 지역경제를 활성화함으로써 국가균형발전에 이바지함을 목적으로 한다.

**제2조(정의)** 이 법에서 사용하는 용어의 뜻은 다음과 같다.

1. "고향사랑 기부금"이란 지방자치단체가 주민복리 증진 등의 용도로 사용하기 위한 재원을 마련하기 위하여 해당 지방자치단체의 주민이 아닌 사람으로부터 자발적으로 제공받거나 모금을 통하여 취득하는 금전을 말한다.

2. "고향사랑 기부금의 모금"이란 지방자치단체가 광고, 정보통신망의 이용, 그 밖의 방법으로 해당 지방자치단체에 고향사랑 기부금을 제공하여줄 것을 다른 사람에게 의뢰·권유 또는 요구하는 행위를 말한다.

**제3조(다른 법률과의 관계)** 이 법에 따른 고향사랑 기부금의 모금·접수 및 사용 등에 관하여는 「기부금품의 모집 및 사용에 관한 법률」을 적용하지 아니한다.

**제4조(고향사랑 기부금의 모금 주체 및 대상)** ① 지방자치단체는 해당 지방자치단체의 주민이 아닌 사람에 대해서만 고향사랑 기부금을 모금·접수할 수 있다.

② 행정안전부 장관은 지방자치단체 또는 그 소속 공무원이 다음 각호의 어느 하나에 해당하는 경우 다음 회계연도 1년 이내의 기간 동안 해당 지방자치단체의 고향사랑 기부금 모금·접수를 제한할 수 있다.

1. 제6조 제1항 또는 제2항을 위반하여 고향사랑 기부금을 낼 것을 강요하거나 적극적으로 권유·독려한 경우

2. 제7조를 위반한 방법으로 고향사랑 기부금을 모금한 경우

③ 제2항에 따른 구체적인 제한기간 등은 대통령령으로 정한다.

**제5조(기부의 제한)** ① 누구든지 타인의 명의나 가명으로 고향사랑 기부금을 기부하여서는 아니 된다.

② 누구든지 업무·고용, 계약이나 처분 등에 의한 재산상의 권리·이익 또는 그 밖의 관계가 있는 지방자치단체에 기부하여서는 아니 된다.

**제6조(기부·모금 강요 등의 금지)** ① 누구든지 업무·고용 그 밖의 관계를 이용하여 다른 사람에게 고향사랑 기부금의 기부 또는 모금을 강요하여서는 아니 된다.

② 공무원은 그 직원에게 고향사랑 기부금의 기부 또는 모금을 강요하거나 적극적으로 권유·독려하여서는 아니 된다.

**제7조(고향사랑 기부금의 모금 방법)** ① 지방자치단체는 대통령령으로 정하는 광고매체를 통하여 고향사랑 기부금의 모금을 할 수 있다. 다만, 다음 각호의 어느 하나에 해당하는 방법으로는 고향사랑 기부금의 모금을 할 수 없다.

1. 개별적인 전화, 서신 또는 전자적 전송매체(「정보통신망 이용촉진 및 정보보호 등에 관한 법률」 제2조 제1항 제13호에 따른 전자적 전송매체를 말한다)의 이용

2. 호별 방문

3. 향우회·동창회 등 사적인 모임에 참석·방문하여 적극적으로 기부를 권유·독려하는 방법

4. 그 밖에 제1호부터 제3호까지에서 규정한 방법과 유사한 방법으로서 대통

령령으로 정하는 방법

② 제1항에 따른 고향사랑 기부금의 모금 방법·절차 등에 관하여 필요한 사항은 대통령령으로 정한다.

**제8조(고향사랑 기부금의 접수 및 상한액)** ① 고향사랑 기부금은 지방자치단체의 장이 지정한 금융기관에 납부하게 하거나, 제12조에 따른 정보시스템을 통한 전자결제·신용카드·전자자금이체 또는 지방자치단체의 청사, 그 밖의 공개된 장소에서 접수하여야 한다.

② 지방자치단체가 고향사랑 기부금을 접수한 경우에는 고향사랑 기부금을 기부한 사람(이하 "기부자"라 한다)에게 지방자치단체의 장의 명의로 영수증을 발급하여야 한다.

③ 개인별 고향사랑 기부금의 연간 상한액은 500만원으로 한다.

④ 제1항 및 제2항에서 규정한 사항 외에 고향사랑 기부금의 접수 방법·절차 등에 관하여 필요한 사항은 대통령령으로 정한다.

**제9조(답례품의 제공)** ① 지방자치단체는 기부자에게 대통령령으로 정하는 한도를 초과하지 아니하는 범위에서 물품 또는 경제적 이익(이하 "답례품"이라 한다)을 제공할 수 있다.

② 제1항에 따라 제공하는 답례품은 다음 각호의 어느 하나에 해당하는 것으로 한다.

1. 지역특산품 등 해당 지방자치단체의 관할구역에서 생산·제조된 물품

2. 지방자치단체가 해당 지방자치단체의 관할구역에서만 통용될 수 있도록 발행한 상품권 등 유가증권

3. 그 밖에 해당 지역의 경제 활성화 등에 기여할 수 있는 것으로서 조례로 정하는 것

③ 지방자치단체는 다음 각호의 어느 하나에 해당하는 것을 답례품으로 제공하여서는 아니 된다.

1. 현금

2. 고가의 귀금속 및 보석류

3. 제2항 제2호에 해당하지 아니하는 상품권 등 유가증권

4. 그 밖에 지역경제 활성화에 기여하지 못하는 것으로서 대통령령으로 정하는 것

**제10조(위법행위의 신고 및 신고자 보호)** ① 누구든지 다음 각호의 어느 하나에 해당하는 자를 관계 행정기관이나 수사기관에 신고 또는 고발할 수 있다.

1. 제5조 제1항 또는 제2항을 위반하여 고향사랑 기부금을 기부한 자

2. 제6조 제1항 또는 제2항을 위반하여 고향사랑 기부금의 기부 또는 모금을 강요하거나 적극적으로 권유·독려한 자

3. 제7조를 위반하여 이 법에서 정하지 아니한 방법으로 고향사랑 기부금을 모금한 자

4. 제8조 제1항을 위반하여 공개된 장소가 아닌 장소에서 고향사랑 기부금을 접수한 자

5. 제9조 제1항 또는 제3항을 위반하여 답례품을 제공한 자

② 누구든지 제1항에 따른 신고 또는 고발을 한 자에게 신고 또는 고발을 이유로 불이익조치(「공익신고자 보호법」 제2조 제6호에 따른 불이익조치를 말한다)를 하여서는 아니 된다.

**제11조(고향사랑기금의 설치 등)** ① 지방자치단체는 모금·접수한 고향사랑 기부금의 효율적인 관리·운용을 위하여 기금을 설치하여야 한다.

② 제1항에 따른 기금(이하 "고향사랑기금"이라 한다)은 고향사랑 기부금을 재원으로 하고, 제3항에 따라 모집·운용 비용에 충당하는 경우 외에는 다음 각호의 어느 하나에 해당하는 목적으로만 사용되어야 한다.

1. 사회적 취약계층의 지원 및 청소년의 육성·보호

2. 지역 주민의 문화·예술·보건 등의 증진

3. 시민참여, 자원봉사 등 지역공동체 활성화 지원

4. 그 밖에 주민의 복리 증진에 필요한 사업의 추진

③ 지방자치단체는 고향사랑기금의 일부(전년도 고향사랑 기부금액의 100분의 15 이내의 범위에서 대통령령으로 정하는 비율을 초과하지 아니하는 금액으로 한정한다)를 고향사랑 기부금의 모집과 운용 등에 필요한 비용에 충당할 수 있다.

④ 제1항 및 제2항에 따른 고향사랑기금의 관리·운용 등에 필요한 세부적인 사항은 대통령령으로 정하는 바에 따라 지방자치단체의 조례로 정한다.

**제12조(제도의 연구 및 지원)** ① 행정안전부 장관 및 지방자치단체의 장은 고향사랑 기부금 제도에 대한 주기적인 조사·분석, 연구 등을 통하여 기부가 활성화되도록 노력하여야 한다.

② 행정안전부 장관 및 지방자치단체의 장은 고향사랑 기부금의 모금·접수 및 답례품 제공 등의 업무를 지원하고 그에 관한 정보를 제공하기 위하여 필요한 경우 정보시스템을 구축·운영할 수 있다.

③ 행정안전부 장관 및 지방자치단체의 장은 제2항에 따른 정보시스템의 구축·운영 업무를 대통령령으로 정하는 바에 따라 관계 전문기관에 위탁할 수 있다.

**제13조(결과 공개의무)** 지방자치단체는 고향사랑 기부금의 접수 현황과 고향

사랑기금의 운용 결과 등을 대통령령으로 정하는 바에 따라 공개하여야 한다.

**제14조(불법 고향사랑 기부금의 반환)** ① 지방자치단체는 다음 각호의 어느 하나에 해당하는 경우 고향사랑 기부금을 기부자에게 반환하고, 교부된 영수증을 회수하여야 한다.

1. 제4조 제1항을 위반하여 해당 지방자치단체의 주민으로부터 고향사랑 기부금을 받은 경우

2. 제4조 제2항에 따라 모금 주체에서 제외된 지방자치단체가 고향사랑 기부금을 접수한 경우

3. 제5조 제1항 또는 제2항을 위반하여 고향사랑 기부금을 기부한 경우

4. 제6조 제1항 또는 제2항을 위반하여 고향사랑 기부금을 낼 것을 강요하거나 적극적으로 권유·독려한 경우

5. 제7조를 위반하여 이 법에서 정하지 아니한 방법으로 고향사랑 기부금을 모금한 경우

6. 제8조 제1항을 위반하여 공개된 장소가 아닌 장소에서 고향사랑 기부금을 접수한 경우

7. 제9조 제1항 또는 제3항을 위반하여 답례품을 제공한 경우

② 제1항 제1호부터 제6호까지에 따라 반환하는 기부금은 답례품 가액을 제외한 금액으로 한다.

**제15조(지도·감독 등)** ① 행정안전부 장관은 고향사랑 기부금의 모금, 고향사랑기금의 관리·운용 등에 대하여 지도·감독 또는 시정권고를 하거나, 그밖에 필요한 조치를 하도록 지방자치단체에 요구할 수 있다.

② 지방자치단체는 특별한 사유가 없으면 제1항에 따른 지도·감독, 시정권고

또는 그 밖에 필요한 조치의 요구에 따라야 한다.

**제16조(위반사실 공표)** ① 행정안전부 장관 및 지방자치단체의 장은 지방자치단체가 제4조 제2항에 따라 고향사랑 기부금의 모금·접수를 제한받은 경우 해당 사실이 있음을 공표하여야 한다.

② 제1항에 따른 공표 방법, 절차 등에 필요한 사항은 대통령령으로 정한다.

**제17조(벌칙)** ① 제6조 제1항을 위반하여 고향사랑 기부금의 기부 또는 모금을 강요한 자는 3년 이하의 징역 또는 3,000만원 이하의 벌금에 처한다.

② 제6조 제2항을 위반하여 고향사랑 기부금의 기부 또는 모금을 강요하거나 적극적으로 권유·독려한 공무원은 3년 이하의 징역 또는 3,000만원 이하의 벌금에 처한다.

③ 제7조 제1항을 위반하여 고향사랑 기부금을 모금한 자는 1년 이하의 징역 또는 1,000만원 이하의 벌금에 처한다.

## 2. [일본] 고향납세제도 지방세법과 소득세법

(Ⅳ. 일본 고향납세제도의 변화를 읽어보자 2. 고향납세제도의 주요 내용 가. 고향납세제도의 의의)

---

일본의 고향납세제도는 우리나라와 달리 별도 법률을 두고 있지 않고 「지방세법」과 「소득세법」에서 규정하고 있다.

고향납세제도의 주민세 공제와 관련된 규정은 「지방세법」 제37조의2(도부현의 기부금 세액공제)와 제314조의7(시정촌의 기초자치단체 기부금 세액공제)이다. 제37조의2는 광역자치단체의 기부금 세액공제를 규정하고 제314조의7은 기초자치단체에 대해 규정하며 내용은 동일하다. 따라서 아래에서는 제37조의2 규정만 적는다.

### 고향납세제도 관련 지방세법 원문 및 번역문

| 원 문 | 번 역 문 |
| --- | --- |
| （寄附金税額控除）<br>第三十七条の二　道府県は、所得割の納税義務者が、前年中に次に掲げる寄附金を支出し、当該寄附金の額の合計額（当該合計額が前年の総所得金額、退職所得金額及び山林所得金額の合計額の百分の三十に相当する金額を超える場合には、当該百分の三十に相当する金額）が二千円を超える場合には、その超える金額の百分の四（当該納税義務者が指定都市の区域内に住所を有する場合には、百分の二）に相当する金額 | 제37조의2(기부금 세액공제) ① 도부현은 소득할 납세의무자가 전년도 중에 아래에서 열거하는 기부금을 지출하고 해당 기부금액의 합계액(해당 합계액이 전년도 총소득금액, 퇴직소득금액 및 산림소득금액의 합계액 100분의 30에 상당하는 금액을 초과하는 경우는 해당 100분의 30에 상당하는 금액)이 2,000엔을 초과하는 경우 그 초과금액의 100분의 4(해당 납세의무자가 지정도시의 구역 내에 주소를 가지고 있는 경우는 100분의 2)에 |

| 원 문 | 번 역 문 |
|---|---|

（当該納税義務者が前年中に特例控除対象寄附金を支出し、当該特例控除対象寄附金の額の合計額が二千円を超える場合には、当該百分の四（当該納税義務者が指定都市の区域内に住所を有する場合には、百分の二）に相当する金額に特例控除額を加算した金額。以下この項において「控除額」という。）を当該納税義務者の第三十五条及び前条の規定を適用した場合の所得割の額から控除するものとする。この場合において、当該控除額が当該所得割の額を超えるときは、当該控除額は、当該所得割の額に相当する金額とする。

一 都道府県、市町村又は特別区（以下この条において「都道府県等」という。）に対する寄附金（当該納税義務者がその寄附によつて設けられた設備を専属的に利用することその他特別の利益が当該納税義務者に及ぶと認められるものを除く。）

（以下省略）

2 前項の特例控除対象寄附金とは、同項第一号に掲げる寄附金（以下この条において「第一号寄附金」という。）であつて、都道府県等による第一号寄附金の募集の適正な実施に係る基準として総務大臣が定める基準（都道府県等が返礼品等（都道府県

상당하는 금액(해당 납세의무자가 전년도 중에 특별공제대상기부금을 지출하고, 해당 특별공제대상기부금액의 합계액이 2,000엔을 초과하는 경우에는 해당 100분의 4(해당 납세의무자가 지정도시 구역 내에 주소를 가지고 있는 경우는 100분의 2)에 상당하는 금액에 특례공제액을 가산한 금액. 이하 이 항에서 공제액이라 한다)을 해당 납세의무자의 제35조(소득할의 세율) 및 제37조(조정공제)의 규정을 적용한 경우의 소득할 금액에서 공제하도록 한다. 이 경우 해당 공제액이 소득할 금액을 초과하는 때에는 해당 공제액은 해당 소득할 금액에 상당하는 금액으로 한다.

1. 도도부현, 시정촌 또는 특별구(이하 이 조에서 도도부현등이라고 한다)에 대한 기부금(해당 납세의무자가 그 기부에 의해 설치된 설비를 전속적으로 이용하는 경우 및 기타 특별이익을 해당 납세의무자가 얻을 것으로 인정되는 경우는 제외한다)

（이하 생략）

② 전항의 특례공제대상 기부금이란 같은 항 제1호에서 열거하는 기부금(이하 이 조에서 제1호 기부금이라 한다)으로 도도부

等が第一号寄附金の受領に伴い当該第一号寄附金を支出した者に対して提供する物品、役務その他これらに類するものとして総務大臣が定めるものをいう。以下この項において同じ。）を提供する場合には、当該基準及び次に掲げる基準）に適合する都道府県等として総務大臣が指定するものに対するものをいう。

一　都道府県等が個別の第一号寄附金の受領に伴い提供する返礼品等の調達に要する費用の額として総務大臣が定めるところにより算定した額が、いずれも当該都道府県等が受領する当該第一号寄附金の額の百分の三十に相当する金額以下であること。

二　都道府県等が提供する返礼品等が当該都道府県等の区域内において生産された物品又は提供される役務その他これらに類するものであつて、総務大臣が定める基準に適合するものであること。

3　前項の規定による指定（以下この条において「指定」という。）を受けようとする都道府県等は、総務省令で定めるところにより、第一号寄附金の募集の適正な実施に関し総務省令で定める事項を記載した申出書に、同項に規定する基準

현 등에 의한 제1호 기부금 모집의 적정한 실시와 관련된 기준으로 총무대신이 정하는 기준(도도부현 등이 답례품 등(도도부현 등이 제1호 기부금 접수에 따라 해당 제1호 기부금을 지출한 사람에 대하여 제공하는 물품, 서비스 기타 이들과 유사한 것으로 총무대신이 정한 것을 말한다. 이하 이 항에서 동일하다)을 제공하는 경우에는 해당 기준 및 다음에서 열거하는 기준)에 적합한 도도부현 등으로서 총무대신이 지정하는 것에 대한 것을 말한다.

1. 도도부현 등이 개개의 제1호 기부금 접수에 따라 제공하는 답례품 등의 조달에 필요한 비용금액으로서 총무대신이 정하는 바에 따라 산정한 금액이 모두 해당 도도부현 등이 접수하는 해당 제1호 기부금액의 100분의 30에 상당하는 금액 이하일 것

2. 도도부현 등이 제공하는 답례품 등이 해당 도도부현 등의 구역 내에서 생산된 물품 또는 제공되는 서비스 및 기타 이와 유사한 것으로서 총무대신이 정하는 기준에 적합한 것일 것

③ 전항의 규정에 따른 지정(이하 이 조에서 지정이라고 한다)을 받으려는 도도부현 등은 총무성령에서 정하는 바에 따라 제1호 기부금 모집의 적정한 실시에 관

に適合していることを証する書類を添え
て、これを総務大臣に提出しなければなら
ない。

4 第六項の規定により指定を取り消さ
れ、その取消しの日から起算して二年を
経過しない都道府県等は、指定を受けるこ
とができない。

5 総務大臣は、指定をした都道府県等に
対し、第一号寄附金の募集の実施状況その
他必要な事項について報告を求めることが
できる。

6 総務大臣は、指定をした都道府県等が
第二項に規定する基準のいずれかに適合し
なくなつたと認めるとき、又は前項の規定
による報告をせず、若しくは虚偽の報告を
したときは、指定を取り消すことができ
る。

7 総務大臣は、指定をし、又は前項の規
定による指定の取消し（次項及び第十項に
おいて「指定の取消し」という。）をした
ときは、直ちにその旨を告示しなければな
らない。

8 総務大臣は、第二項に規定する基準若
しくは同項の規定による定めの設定、変更
若しくは廃止又は指定若しくは指定の取消
しについては、地方財政審議会の意見を聴

하여 총무성령으로 정하는 사항을 기재한
신청서에 동항에서 규정하는 기준에 적합
함을 증명하는 서류를 첨부하여 이를 총
무대신에게 제출해야 한다.

④ 제6항의 규정에 따라 지정이 취소되
고 그 취소일로부터 기산하여 2년이 경
과되지 않은 도도부현 등은 지정을 받을
수 없다.

⑤ 총무대신은 지정을 한 도도부현 등에
대하여 제1호 기부금 모집의 실시상황 및
기타 필요한 사항에 관하여 보고를 요구
할 수 있다.

⑥ 총무대신은 지정을 한 도도부현 등이
제2항에서 규정하는 기준의 어느 하나에
적합하지 않게 되었다고 인정되는 때 또
는 전항의 규정에 따른 보고를 하지 않거
나 허위의 보고를 한 때에는 지정을 취소
할 수 있다.

⑦ 총무대신은 지정을 하거나 또는 전항
의 규정에 따른 지정의 취소(다음 항 및
제10항에서 지정의 취소라고 한다)를 한
때에는 즉시 그 취지를 고시하여야 한다.

⑧ 총무대신은 제2항에서 규정하는 기준
또는 동항의 규정에 따른 정함의 설정, 변
경이나 폐지, 또는 지정이나 지정의 취소
에 대해서는 지방재정심의회의 의견을 들

| 원문 | 번역문 |
|---|---|

かなければならない。

9 第一項の場合において、第二項に規定する特例控除対象寄附金（第十一項において「特例控除対象寄附金」という。）であるかどうかの判定は、所得割の納税義務者が第一号寄附金を支出した時に当該第一号寄附金を受領した都道府県等が指定をされているかどうかにより行うものとする。

10 第二項から第八項までに規定するもののほか、指定及び指定の取消しに関し必要な事項は、政令で定める。

11 第一項の特例控除額は、同項の所得割の納税義務者が前年中に支出した同項第一号に掲げる寄附金の額の合計額のうち二千円を超える金額に、次の各号に掲げる場合の区分に応じ、当該各号に定める割合を乗じて得た金額の五分の二（当該納税義務者が指定都市の区域内に住所を有する場合には、五分の一）に相当する金額（当該金額が当該納税義務者の第三十五条及び前条の規定を適用した場合の所得割の額の百分の二十に相当する金額を超えるときは、当該百分の二十に相当する金額）とする。

一 当該納税義務者が第三十五条第二項に規定する課税総所得金額（以下この項にお

어야 한다.

⑨ 제1항의 경우에 제2항에서 규정하는 특례공제대상 기부금(제11항에서 특례공제대상 기부금이라 한다)인지 여부의 판정은 소득할의 납세의무자가 제1호 기부금을 지출한 때에 해당 제1호 기부금을 접수한 도도부현 등이 지정되어 있는지 여부에 따라 실시한다.

⑩ 제2항에서 제8항까지에서 규정하는 것 이외에 지정 및 지정의 취소에 관해서 필요한 사항은 정령(시행령)으로 정한다.

⑪ 제1항의 특례공제액은 동항의 소득할 납세의무자가 전년도 중에 지출한 동항 제1호에서 열거하는 기부액의 합계액 중 2,000엔을 초과하는 금액에 다음 각호에서 열거하는 구분에 따라 해당 각호에 정해진 비율을 곱하여 얻은 금액의 5분의 2(해당 납세의무자가 지정도시의 구역 내에 주소를 가지고 있는 경우는 5분의 1)에 상당하는 금액(해당 금액이 해당 납세의무자의 제35조 및 제37조의 규정을 적용한 경우의 소득할액의 100분의 20에 상당하는 금액을 초과하는 때에는 해당 100분의 20에 상당하는 금액)으로 한다.

一해당 납세의무자가 제35조 제2항에서 규정하는 과세총소득금액(이하 이 항에

| 원 문 | 번 역 문 |
|---|---|
| いて「課税総所得金額」という。）を有する場合において、当該課税総所得金額から当該納税義務者に係る前条第一号イに掲げる金額（以下この項において「人的控除差調整額」という。）を控除した金額が零以上であるとき　当該控除後の金額について、次の表の上欄に掲げる金額の区分に応じ、それぞれ同表の下欄に掲げる割合 | 서 과세총소득금액이라 한다)을 갖는 경우 해당 과세총소득금액에서 납세의무자에 관한 전조 제1호가에서 열거하는 금액 (이하 이 항에서 인적공제차액조정액이라 한다)을 공제한 금액이 0 이상인 때 해당 공제 후 금액에 대해 다음 표의 왼쪽에 열거된 금액의 구분에 따라 각각 표의 오른쪽에 열거한 비율 |

| 百九十五万円以下の金額 | 百分の八十五 |
|---|---|
| 百九十五万円を超え三百三十万円以下の金額 | 百分の八十 |
| 三百三十万円を超え六百九十五万円以下の金額 | 百分の七十 |
| 六百九十五万円を超え九百万円以下の金額 | 百分の六十七 |
| 九百万円を超え千八百万円以下の金額 | 百分の五十七 |
| 千八百万円を超え四千万円以下の金額 | 百分の五十 |
| 四千万円を超える金額 | 百分の四十五 |

(이하 생략)

| 195만엔 이하의 금액 | 100분의 85 |
|---|---|
| 195만엔 초과 330만엔 이하의 금액 | 100분의 80 |
| 330만엔 초과 695만엔 이하의 금액 | 100분의 70 |
| 695만엔 초과 900만엔 이하의 금액 | 100분의 67 |
| 900만엔 초과 1,800만엔 이하의 금액 | 100분의 57 |
| 1,800만엔 초과 4,000만엔 이하의 금액 | 100분의 50 |
| 4,000만엔 초과 금액 | 100분의 45 |

(이하 생략)

고향납세제도의 소득세와 관련된 규정은 「소득세법」 제78조(기부금공제)이다. 지역에 기부하는 고향납세 기부금의 일부를 국세인 소득세에서 공제하고 있다.

| 원문 | 번역문 |
|---|---|

（寄附金控除）

第七十八条　居住者が、各年において、特定寄附金を支出した場合において、第一号に掲げる金額が第二号に掲げる金額を超えるときは、その超える金額を、その者のその年分の総所得金額、退職所得金額又は山林所得金額から控除する。

一　その年中に支出した特定寄附金の額の合計額（当該合計額がその者のその年分の総所得金額、退職所得金額及び山林所得金額の合計額の百分の四十に相当する金額を超える場合には、当該百分の四十に相当する金額）

二　二千円

2　前項に規定する特定寄附金とは、次に掲げる寄附金（学校の入学に関してするものを除く。）をいう。

一　国又は地方公共団体（港湾法（昭和二十五年法律第二百十八号）の規定による港務局を含む。）に対する寄附金（その寄附をした者がその寄附によつて設けられた設備を専属的に利用することその他特別の利益がその寄附をした者に及ぶと認められるものを除く。）

제78조(기부금공제) ① 거주자가 매년 특정기부금을 지출한 경우 제1호에서 열거하는 금액이 제2호에서 열거하는 금액을 초과한 경우 그 초과금액을 그 자의 그 연도분 총소득금액, 퇴직소득금액 또는 산림소득금액에서 공제한다.

1. 그 연도 중 지출한 특정기부액의 합계액(해당 합계액이 그 자의 그 연도분 총소득금액, 퇴직소득금액 및 산림소득금액 합계액의 100분의 40에 상당하는 금액을 초과하는 경우는 해당 100분의 40에 상당하는 금액)

2. 2,000엔

② 전항에서 규정한 특정기부금이란 다음에서 열거하는 기부금(학교입학에 지급하는 것은 제외한다)을 말한다.

1. 국가 또는 지방공공단체(항만법(1950년 법률 제218호)의 규정에 의한 항무국을 포함한다)에 대한 기부금(기부한 자가 그 기부에 의해 설치된 설비를 전속적으로 이용하는 경우나 기타 특별이익이 그 기부한 사람에게 이득이 되는 경우로 인정되는 때는 제외한다)

(이하 생략)

## 3. [일본] 총무성 고시 179호

(IV. 일본 고향납세제도의 변화를 읽어보자 3. 시행착오를 겪다 가. 고향납세 지정제도)

---

고향납세 지정제도를 정한 「지방세법」 제37조의2 제2항(제314조의7 제2항)의 ① '제1호 기부금 모집의 적정한 실시기준' ② '물품 또는 서비스와 유사한 것' ③ '답례품 조달에 필요한 비용 산정방법' ④ '답례품 등의 기준'을 다음과 같이 정하고, 2019년 6월 1일부터 적용한다.

**제1조(취지)** 이 고시는 고향납세제도[기부금을 지출한 경우 해당 기부금에 대해 법 제37조의2 제1항(제314조의7 제1항)에 의한 기부금 세액공제를 적용하는 제도이다. 이하 동일]가 고향이나 신세를 진 지방자치단체에 감사하거나 응원하는 마음을 전하고 기부한 세금의 사용처를 스스로의 의사에 따라 결정할 수 있도록 만들어진 제도이며 고향납세제도의 적절한 운용에 도움을 주기 위해 고향납세제도의 대상이 되는 지방자치단체의 지정에 관한 기준 등을 정한다.

**제2조(기부금 모집의 적정한 실시기준)** 법 제37조의2 제2항(제314조의7 제2항)에서 규정하는 제1호 기부금 모집의 적정한 실시기준은 다음 각호의 어느 하나에 해당하는 것으로 한다.

1. 지방자치단체에 의한 제1호 기부금[법 제37조의2 제1항 제1호(제314조의7 제1항 제1호)에 열거하는 기부금을 말한다. 이하 동일]의 모집으로서 다음에 열거된 방법을 사용하지 않을 것

   가. 특정한 자에 대한 사례금 및 그 밖의 경제적 이익을 제공하기로 약정하거나 해당 특정한 자에게 제1호 기부금을 지출하는 자(이하 '기부자')를

소개하는 방식 및 기타 부당한 방법으로 모집한 경우

나. 법 제37조의2 제2항(제314조의7 제2항)에 규정된 답례품(이하 '답례품')
에 관심을 갖는 기부자를 유인하기 위한 선전광고

다. 기부자의 적절한 기부처 선택을 방해하는 표현을 사용한 정보 제공

라. 해당 지방자치단체 구역 내에 주소를 둔 자에 대한 답례품의 제공

2. 제1호 기부금 모집에 소요된 비용 합계액이 각 연도에 수령한 제1호 기부금
합계액의 100분의 50에 상당하는 금액 이하일 것. 다만, 제1호 기부금 합계
액이 적거나 그 밖의 부득이한 사정이 있다고 총무대신이 인정하는 경우는
예외로 한다.

3. 2018년 11월 1일부터 법 제37조의2 제3항(제314조의7 제3항)에서 규정하는
신청서를 제출하는 날까지 전조에서 규정한 취지에 반하는 방법으로 다른
지방자치단체에 상당한 영향을 미칠 수 있는 제1호 기부금 모집을 하거나
해당 취지에 따른 방법에 의해 제1호 기부금의 모집을 실시한 다른 지방자
치단체와 비교하여 현저하게 많은 기부금을 수령한 지방자치단체가 아닐
것(총무성 고시 179호의 제2조 제3호는 2020년 7월 7일 총무성 고시 206
호에 의해 삭제됨)

**제3조(법 제37조의2 제2항과 제314조의7 제2항의 총무대신이 정한 것)** 법 제37
조의2 제2항(제314조의7 제2항)에서 규정한 총무대신이 정하는 것은 물품
또는 서비스와 교환하기 위하여 제공하는 것을 말한다.

**제4조(답례품의 조달에 필요한 비용의 산정방법)** 법 제37조의2 제2항 제1호(제
314조의7 제2항 제1호)의 규정에 의하여 총무대신이 정하는 답례품의 조달
에 필요한 비용 산정은 다음 각호에서 정하는 바에 의한다.

1. 답례품의 조달에 필요한 비용이란 개별 답례품의 조달을 위해서 지방자치

단체가 실제로 지출한 금액으로 지출의 명목에 관계없이 지방자치단체가 지출한 금액이 답례품의 수량 또는 내용에 영향을 미치는 경우는 관련 지출액을 포함한다.

2. 전호의 규정에도 불구하고 답례품이 지방자치단체가 보유하거나 관리하는 시설 또는 설비를 사용하는 서비스인 경우 및 지방자치단체가 스스로 제공하는 서비스인 경우에는 시설 또는 설비를 사용하거나 서비스를 제공함으로써 통상 소요되는 금액을 답례품 조달의 필요경비로 한다.

**제5조(법 제37조의2 제2항 제2호와 제314조의7 제2항 제2호의 총무대신이 정한 기준)** 법 제37조의2 제2항 제2호(제314조의7 제2항 제2호)에서 규정한 총무대신이 정하는 기준은 지방자치단체가 제공하는 답례품이 다음 각호의 어느 하나에 해당하는 것(각호의 어느 하나에 해당하는 답례품과 교환하기 위해 제공하는 것을 포함한다)으로 한다.

1. 해당 지방자치단체의 구역 내에서 생산된 것

2. 해당 지방자치단체의 구역 내에서 답례품 원재료의 주요 부분이 생산된 것

3. 해당 지방자치단체의 구역 내에서 답례품의 제조, 가공 기타 공정 중 주요 부분을 실행함으로써 부가가치가 발생한 것

4. 답례품을 제공하는 시정촌 또는 특별구(이하 본 호 및 제8호에서 '시구정촌'이라 말함) 구역 내에서 생산된 것으로 인근의 다른 시구정촌 구역 내에서 생산된 것과 혼재한 것(유통구조상 혼재가 불가피한 경우에 한함)

5. 지방자치단체의 홍보 목적으로 생산된 캐릭터 상품, 오리지널 상품 및 그 밖에 이와 유사한 것으로 형태, 명칭 및 그 밖의 특징에서 해당 지방자치단체의 독자적인 답례품임이 명백한 것

6. 전 각호에 해당하는 답례품과 해당 답례품과의 사이에 관련성이 있는 것을

제공할 경우 해당 답례품이 주요한 부분을 차지한 것

7. 해당 지방자치단체의 구역 내에서 제공되는 서비스 및 기타 이에 준하는 것으로 해당 서비스의 주요한 부분이 해당 지방자치단체와 상당한 정도의 관련성이 있는 것

8. 다음 중 어느 하나에 해당하는 답례품인 것

　가. 시구정촌이 인근의 다른 시구정촌과 공동으로 이들 시구정촌의 구역 내에서 전 각호 중 어느 하나에 해당하는 것을 공통 답례품으로 한 것

　나. 도도부현이 구역 내 복수의 시구정촌과 연계하여 해당 연계된 시구정촌 구역 내에서 전 각호 중 어느 하나에 해당하는 것을 해당 도도부현 및 시구정촌의 공통 답례품으로 한 것

　다. 도도부현이 구역 내의 여러 시구정촌에서 지역자원으로 인식되고 있는 것 및 시구정촌이 해당 지역자원을 답례품으로 인정한 것

9. 지진재해, 풍수해, 낙뢰, 화재, 기타 이와 유사한 재해로 인해 막대한 피해를 입어 그러한 피해를 입기 전에 제공해왔던 전 각호의 답례품을 제공할 수 없는 경우에는 해당 답례품을 대체하여 제공한 것


## 4. [일본] 과소지역의 지속적인 발전 지원에 관한 특별조치법 일부 규정

　(V. 기부의 힘! 지역소멸의 해법을 찾다 1. 일본의 소멸위기지역 가. 지방 인구의 감소와 소멸위기 대응법률)

----------------------------------------------------------------

## 전문

　과소지역의 지속적 발전 지원에 관하여 과소지역은 식료, 물 및 에너지의

안정적인 공급, 자연재해의 발생 방지, 생물다양성의 확보 및 그 밖의 자연환경 보전, 다양한 문화의 계승, 양호한 경관 형성 등 다방면에 걸친 기능이 있고, 이를 발휘함으로써 국민생활에 풍요로움과 윤택함을 주어 국토의 다양성을 지탱하고 있다.

또한 도쿄권으로 인구가 과도하게 집중되어 대규모 재해, 감염증 등의 피해에 관한 위험 증대 등의 문제가 심각해지고 있는 가운데, 국토의 균형 있는 발전을 도모하기 위하여 과소지역이 담당할 역할은 한층 중요해지고 있다.

그러나 과소지역에서는 인구의 감소, 저출산·고령화의 심화 등 다른 지역과 비교하여 어려운 사회경제 상황이 장기에 걸쳐 계속되고 있고, 지역사회를 짊어질 인재의 확보, 지역경제의 활성화, 정보화, 교통기능의 확보 및 향상, 의료제공 체제의 확보, 교육환경의 정비, 촌락지역의 유지 및 활성화, 농지, 삼림 등의 적정한 관리 등이 중요한 과제가 되고 있다.

이러한 상황에 비추어 최근 과소지역으로의 이주자 증가, 혁신적인 기술 창출, 정보통신기술을 이용한 근무 방식에 대한 대처라는 과소지역의 과제 해결에 기여하는 움직임을 가속화하고, 이러한 지역의 자립을 위하여 과소지역에서 지속가능한 지역사회의 형성 및 지역자원 등을 활용해 지역 활력을 향상시킬 수 있도록 전력을 다하여야 한다.

이에 과소지역의 지속적 발전에 관한 시책을 종합적이고 계획적으로 추진하기 위하여 이 법률을 제정한다.

## 제1장 총칙

**제1조(목적)** 이 법률은 인구가 현저히 감소함에 따라 지역사회의 활력이 저하하고, 생산기능 및 생활환경의 정비 등이 다른 지역과 비교하여 낮은 수준

에 있는 지역에 대하여 종합적이고 계획적인 시책을 실시하기 위하여 필요한 특별조치를 강구함으로써 이러한 지역의 지속적 발전을 지원하여 인재의 확보 및 육성, 고용기회의 확충, 주민복지의 향상, 지역격차의 해소 및 아름답고 품격 있는 국토의 형성에 기여함을 목적으로 한다.

**제2조(과소지역)** ① 이 법률에서 "과소지역"이란 다음 각호의 어느 하나에 해당하는 시정촌(지방세 수입 이외의 정령으로 정하는 수입금액이 정령으로 정하는 금액을 초과하는 시정촌을 제외한다)의 구역을 말한다.

1. 다음의 어느 하나에 해당하고, 「지방교부세법」(1950년 법률 제211호) 제14조의 규정에 따라 산정한 시정촌의 기준재정수입액을 같은 법 제11조의 규정에 따라 산정한 해당 시정촌의 기준재정수요액으로 나누어 얻은 수치(제17조 제9항을 제외하고, 이하 "재정력지수"라 한다)로 2017년도부터 2019년도까지의 각 연도와 관련된 것을 합산한 것의 3분의 1의 수치가 0.51 이하일 것. 다만, 가목, 나목 또는 다목에 해당하는 경우에는 인구조사의 결과에 따른 시정촌 인구와 관련된 2015년의 인구에서 해당 시정촌 인구와 관련된 1990년의 인구를 빼고 얻은 인구를 해당 시정촌 인구와 관련된 같은 해의 인구로 나누어 얻은 수치가 0.1 미만일 것

   가. 인구조사의 결과에 따른 시정촌 인구와 관련된 1975년 인구에서 해당 시정촌 인구와 관련된 2015년 인구를 빼고 얻은 인구를 해당 시정촌 인구와 관련된 1975년 인구로 나누어 얻은 수치(이하 이 항에서 "40년간 인구감소율"이라 한다)가 0.28 이상일 것

   나. 40년간 인구감소율이 0.23 이상으로 인구조사의 결과에 따른 시정촌 인구와 관련된 2015년 인구 중 65세 이상의 인구를 해당 시정촌 인구와 관련된 같은 해의 인구로 나누어 얻은 수치가 0.35 이상일 것

다. 40년간 인구감소율이 0.23 이상으로 인구조사의 결과에 따른 시정촌
인구와 관련된 2015년 인구 중 15세 이상 30세 미만의 인구를 해당 시정
촌 인구와 관련된 같은 해의 인구로 나누어 얻은 수치가 0.11 이하일 것

라. 인구조사의 결과에 따른 시정촌 인구와 관련된 1990년의 인구에서 해
당 시정촌 인구와 관련된 2015년의 인구를 빼고 얻은 인구를 해당 시정
촌 인구와 관련된 1990년의 인구로 나누어 얻은 수치가 0.21 이상일 것

2. 40년간 인구감소율이 0.23 이상이고, 재정력지수에서 2017년도부터 2019
년도까지의 각 연도와 관련된 것을 합산한 것의 3분의 1의 수치가 0.4 이하
일 것. 다만, 인구조사의 결과에 따른 시정촌 인구와 관련된 2015년의 인구
에서 해당 시정촌 인구와 관련된 1990년의 인구를 빼고 얻은 인구를 해당
시정촌 인구와 관련된 같은 해의 인구로 나누어 얻은 수치가 0.1 미만일 것

② 주무대신은 과소지역을 구역으로 하는 시정촌(이하 "과소지역의 시정촌"
이라 한다)을 공시한다.

**제4조(과소지역의 지속적 발전을 위한 대책의 목표)** 과소지역의 지속적 발전
을 위한 대책은 제1조의 목적을 달성하기 위하여 지역의 창의적 구상을 존
중하고, 다음에 열거하는 목표에 따라 추진되어야 한다.

1. 이주 및 정착, 지역 간 교류의 촉진, 지역사회를 젊어질 인재의 육성 등을 도
모함으로써 다양한 인재를 확보하고 육성하는 것

2. 기업입지의 촉진, 산업기반의 정비, 농림어업경영의 근대화, 정보통신산업
의 진흥, 중소기업의 육성 및 창업 촉진, 관광개발 등을 도모함으로써 산업
을 진흥하는 동시에 안정적인 고용기회를 확충하는 것

3. 통신시설 등의 정비 및 정보통신기술의 활용 등을 도모함으로써 과소지역
의 정보화를 추진하는 것

4. 도로 및 그 밖의 교통시설 등의 정비 및 주민의 일상적인 이동을 위한 교통수단의 확보를 도모함으로써 과소지역과 그 밖의 지역 및 과소지역 내의 교통기능을 확보하고 향상시키는 것

5. 생활환경의 정비, 육아환경의 확보, 고령자 등의 보건 및 복지 향상 및 증진, 의료의 확보 및 교육의 진흥을 도모함으로써 주민생활의 안정과 복지 향상을 도모하는 것

6. 중심 촌락의 정비 및 적정 규모 촌락의 육성을 도모함으로써 지역사회의 재편성을 촉진하는 것

7. 아름다운 경관의 정비, 지역문화의 진흥, 지역의 재생가능에너지 이용추진 등을 도모함으로써 개성이 풍부한 지역사회를 형성하는 것

**제5조(국가의 책무)** 국가는 제1조의 목적을 달성하기 위하여 전조 각호에 열거하는 사항과 관련하여 정책 전반에 걸쳐 필요한 시책을 종합적으로 강구한다.

**제6조(도도부현의 책무)** 도도부현은 제1조의 목적을 달성하기 위하여 제4조 각호에 열거하는 사항과 관련하여 하나의 과소지역의 시정촌 구역을 넘어 광역에 걸친 시책, 시정촌 상호 간의 연락 조정, 인적 및 기술적 지원, 그 밖에 필요한 지원을 하도록 노력한다.

## 제2장 과소지역 지속적 발전계획

**제7조(과소지역 지속적 발전방침)** ① 도도부현은 해당 도도부현에서 과소지역의 지속적 발전을 도모하기 위하여 과소지역 지속적 발전방침(이하 이 장에서 간단히 "지속적 발전방침"이라 한다)을 정할 수 있다.

## 제3장 과소지역의 지속적 발전의 지원을 위한 재정상 특별조치

제12조(국가의 부담 또는 보조 비율 특례 등) ① 시정촌계획에 기초하여 실시하는 사업 중 별표에 열거하는 것에 필요한 경비에 대한 국가의 부담 또는 보조 비율(이하 "국가부담비율"이라 한다)은 해당 사업에 관한 법령의 규정에도 불구하고 같은 표에 따른다. 다만, 다른 법령의 규정에 따라 같은 표에 열거하는 비율을 초과하는 국가부담비율이 정해져 있는 경우에는 그러하지 아니하다.

## 제4장 과소지역의 지속적 발전의 지원을 위한 그 밖의 특별조치

제16조(기간도로의 정비) ① 과소지역의 기간 시정촌도로, 시정촌이 관리하는 기간 농도, 임도 및 어항 관련 도로(과소지역과 그 밖의 지역을 연결하는 기간 시정촌도로, 시정촌이 관리하는 기간 농도, 임도 및 어항 관련 도로를 포함한다)로서 정령으로 정하는 관계 행정기관의 장이 지정하는 것(이하 이 조에서 "기간도로"라 한다)의 신설 및 개축에 대해서는 다른 법령의 규정에도 불구하고, 도도부현 계획에 기초하여 도도부현이 실시할 수 있다.

## 제5장 과소지역의 지속적 발전의 지원을 위한 배려

제25조(이주 및 정착의 촉진, 인재의 육성, 관계자 간의 긴밀한 연계 및 협력의 확보) 국가 및 지방공공단체는 지역의 창의적 구상을 살리면서 과소지역의 지속적 발전이 도모되도록 다양한 인재의 확보에 기여하는 이주 및 정착의 촉진, 지역사회를 짊어질 인재의 육성 및 연령, 성별 등에 관계없이 다양한 주민, 특정비영리활동법인[「특정비영리활동촉진법」(1998년 법률 제7호) 제2조 제2항에서 규정하는 특정비영리활동법인을 말한다], 사업자 및 그 밖의 관계

자 간의 긴밀한 연계 및 협력을 확보하는 것에 관하여 적절한 배려를 한다.

## 5. [우리나라] 국가균형발전 특별법 일부 규정

(V. 기부의 힘! 지역소멸의 해법을 찾다 2. 우리나라 인구감소지역 가. 인구

감소지역 89곳 지정)

---

### 제1장 총칙

**제1조(목적)** 이 법은 지역 간의 불균형을 해소하고, 지역의 특성에 맞는 자립
적 발전을 통하여 국민생활의 균등한 향상과 국가균형발전에 이바지함을
목적으로 한다.

**제2조(정의)** 이 법에서 사용하는 용어의 뜻은 다음과 같다.

9. "인구감소지역"이란 인구감소로 인한 지역소멸이 우려되는 시(특별시는
제외한다)·군·구를 대상으로 출생률, 65세 이상 고령인구, 14세 이하 유소
년인구 또는 생산가능인구의 수 등을 고려하여 대통령령으로 정하는 지역
을 말한다.

**제3조(국가 및 지방자치단체의 책무)** 국가 및 지방자치단체는 지역 간의 균형
있는 발전과 지역의 특성에 맞는 자립적 발전을 위하여 필요한 예산을 확
보하고 지역주도의 관련 시책을 수립·추진하여야 한다.

### 제2장 국가균형발전 5개년계획 등

**제4조(국가균형발전 5개년계획의 수립)** ① 정부는 국가균형발전을 촉진하기
위하여 제5조 제1항에 따른 부문별 발전계획안과 제7조 제1항에 따른 시·

도 발전계획을 기초로 하여 5년을 단위로 하는 국가균형발전 5개년계획(이하 "국가균형발전계획"이라 한다)을 수립한다.

## 제3장 국가균형발전시책의 추진

**제9조의2(지역혁신체계의 구축)** 국가와 지방자치단체는 지역의 여건과 특성에 적합한 지역혁신체계를 구축하기 위하여 다음 각호의 사항에 관한 시책을 추진하여야 한다.

1. 지역혁신체계의 유형 개발에 관한 사항

2. 산·학·연 협력의 활성화에 관한 사항

3. 지역혁신을 위한 전문인력의 양성에 관한 사항

4. 기술 및 기업경영에 대한 지원기관의 확충에 관한 사항

5. 대학·기업·연구소·비영리단체·지방자치단체 등의 교류·협력의 활성화에 관한 사항

6. 지역혁신 관련 사업의 조정 및 연계운용에 관한 사항

7. 그 밖에 지역혁신체계의 구축 및 활성화를 위하여 필요한 사항

**제16조의2(인구감소지역에 대한 시책추진)** 국가와 지방자치단체는 인구감소지역에서 다음 각호의 시책을 추진하여야 한다.

1. 교육·의료·복지·문화 등 인구감소지역의 생활서비스 적정공급기준에 관한 사항

2. 지역 간 생활서비스 격차의 해소 등 생활서비스 여건 개선 및 확충에 관한 사항

3. 교통·물류망 및 통신망 확충에 관한 사항

4. 기업유치, 지역특화산업 육성 등 일자리 창출에 관한 사항

5. 청년 창업 및 정착 지원 등 청년 인구 유출 방지 및 유입 촉진에 관한 사항

6. 공동체 자립기반 조성 등 공동체 지원 및 활성화에 관한 사항

7. 주민의 자율적인 교육 및 훈련 지원, 마을·공동체 전문가 양성 등 주민 및 지역 역량 강화에 관한 사항

8. 자치단체 간 시설 및 인력 공동 활용, 행정기관 기능 조정 등 공공서비스 전달체계 개선에 관한 사항

9. 그 밖에 인구감소지역 발전을 위하여 필요하다고 인정되는 사항

**제16조의3(인구감소지역에 대한 지원)** ① 국가와 지방자치단체는 인구감소지역에 사회간접자본 정비, 교육·문화·관광시설 확충, 농림·해양·수산업 지원, 주택건설 및 개량, 산업단지 지정특례에 관한 사항 등에 관하여 대통령령으로 정하는 바에 따라 재정적·행정적 지원을 할 수 있다.

② 인구감소지역에 입주한 사업자는 다음 각호의 승인·허가 신청 사무에 대한 지원을 제28조 제2항에 따른 시·도 지역혁신지원단에 요구할 수 있다. 이 경우 시·도 지역혁신지원단은 대통령령으로 정하는 절차·방식에 따라 해당 사무를 지원하여야 한다.

1. 「건축법」 제11조에 따른 건축허가 및 같은 법 제22조에 따른 건축물의 사용승인

2. 「대기환경보전법」 제23조에 따른 대기오염물질배출시설의 설치 허가

3. 「산업집적활성화 및 공장설립에 관한 법률」 제13조 제1항에 따른 공장설립 등의 승인

4. 「중소기업창업 지원법」 제33조에 따른 사업계획의 승인

③ 인구감소지역에 입주한 사업자로부터 제2항 각호의 승인·허가 신청을 받은 기관의 장은 다른 법령에도 불구하고 대통령령으로 정하는 기간 내에 이를 처리하여야 하며, 기간 내에 처리하지 아니한 경우에는 그 기간이 끝난 날의 다음 날에 승인·허가를 한 것으로 본다.

# 참고문헌

## ● 법령 등

- 고향사랑 기부금에 관한 법률(약칭: 고향사랑 기부금법)
- 기부금품의 모집 및 사용에 관한 법률(약칭: 기부금품법)
- 국가균형발전 특별법
- 행정안전부, "인구감소지역 지원 추진방안", 대한민국 정책브리핑, 2021. 10. 18.
- ふるさと納税 地方税法 一部
- ふるさと納税 所得税法 一部
- 過疎地域の持続的発展の支援に関する特別措置法 一部
- ふるさと納税 總務省 告示 179號
- 總務省, "ふるさと納税に係る返礼品の送付等について", 総税市 第28号, 2017.

## ● 단행본

- 구로이 가쓰유키 저(윤정구, 조희정 옮김), 『시골의 진화 : 고향납세의 기적, 가미시호로 이야기』, 더가능연구소, 2021.
- 다마무라 마사토시, 고지마 도시아키 편저, 『히가시카와 스타일 = Higashikawa style』, 小花, 2020.
- 신혜성, 정지훈, 『세상을 바꾸는 작은 돈의 힘, 크라우드펀딩』, 에딧더월드, 2014.
- 柳原秀哉, 『南小国町の奇跡 : 稼げる町になるために大切なこと』, CCCメディアハウス, 2021.
- 保田隆明, 『地域経営のための「新」ファイナンス : 「ふるさと納税」と「クラウドファンディング」のインパクト』, 中央経済社, 2021.
- 田中輝美, 『関係人口の社会学 : 人口減少時代の地域再生』, 大阪大学出版会, 2021.

- 株式会社さとふる, 『ふるさと納税が地域を変える: 豊かなまちをつくる48のアイデア 全国事例を徹底分析地域資源からの価値創出』, 先端教育機構, 2019.
- 川崎貴聖, 『善意立国論: ふるさと納税型クラウドファンディングが拓く「日本創生」の 未来』, 創藝社, 2018.
- 安田信之助 編, 『地域経済活性化とふるさと納税制度』, 創成社, 2017.
- 保田隆明, 保井俊之 著, 『ふるさと納税の理論と実践』, 日本教育研究団事業構想大学院大学出版部, 2017.
- 髙松俊和, 『ふるさと納税と地域経営: 制度の現状と地方自治体の活用事例』, 日本教育研究団事業構想大学院大学出版部, 2016.
- 増田寛也 編, 『地方消滅: 東京一極集中が招く人口急減』, 中央公論新社, 2015.

## ● 논문 등

- 전현경, 장윤주, "한국 기부문화 20년 조망", 아름다운재단 기부문화연구소, 2020.
- 송헌재, 고선, "김지영, 재정패널 자료를 활용한 한국의 개인기부 규모 추정", 유라시아연구 v16, 2019.
- 이상범, "지방재정의 현 실태와 재정분권 과제", 한국지방재정학회, 2019.
- 정홍원 외, "사회복지사업 지방이양 추진의 쟁점과 제도적 보완", 한국보건사회연구원, 2019.
- 박수철, "기부금품의 모집 및 사용에 관한 법률 일부개정법률안 검토보고서", 국회 안전행정위원회, 2016.
- 임익상, "농어촌발전을 위한 공동모금 및 배분에 관한 법률안 검토보고서", 국회 농림축산식품해양수산위원회, 2016.
- 가와세 미츠요시, "일본의 개인주민세 공제제도 현황", 한국지방재정학회, 2012.

- 김현아, "보조금 정책에 대한 논의 : 지방교부세 VS 국고보조금", 한국조세연구원 재정포럼, 2010.
- 염명배, "일본 '후루사토(故郷)납세' 제도에 대한 논의와 '한국형' 고향세(향토발전세) 도입 가능성 검토", 한국지방재정논집 제15권 제3호, 2010.
- 総務省, "各自治体のふるさと納税受入額及び受入件数 (平成20年度～令和2年度)" <https://www.soumu.go.jp/main_sosiki/jichi_zeisei/czaisei/czaisei_seido/furusato/archive/> (검색일 2021. 12. 28.)
- 日本経済新聞, "コロナ禍のふるさと納税プラットフォーム 広がる選択肢 自治体·利用者結ぶ", 日経MJ, 2021. 9. 26.
- 衆議院, "第190回国会 地方創生に関する特別委員会 第7号", 2016.
- 三角政勝, "自己負担なき「寄附」の在り方が問われる「ふるさと納税」- 寄附金税制を利用した自治体支援の現状と課題 - ", 参議院 立法と調査 371号, 2015.
- 西川傳和, "地域づくり国内調査", 地域活性化センター, 2015.
- 伊藤敏安, "市町村合併と「三位一体の改革」による地方財政への影響―人口あたり地方税, 地方交付税, 国庫支出金の変化とその要因", 地域経済研究 第21號, 2010.
- 総務省, "ふるさと納税研究会報告書", ふるさと納税研究会, 2007.
- 小池拓自, "地方税財政改革と税収の地域間格差", 日本国立国会図書館 調査と情報 593, 2007.
- 総務省, "ふるさと納税に関する現況調査結果 ( 令和 3 年度実施 )", 2021. <https://www.soumu.go.jp/main_sosiki/jichi_zeisei/czaisei/czaisei_seido/furusato/file/report20210730.pdf> (검색일 2021. 12. 13.)
- 東川町, "ひがしかわ株主制度" <https://higashikawa-town.jp/kabunushi/about> (검색일 2021. 12. 13.)
- 総務省, "税金の控除について-ふるさと納税のしくみ-" <https://www.soumu.go.jp/main_sosiki/jichi_zeisei/czaisei/czaisei_seido/furusato/mechanism/> (검색일 2021. 12. 13.)

- 国税庁, "「ふるさと寄附金」を支出した者が地方公共団体から謝礼を受けた場合の課税関係" <https://www.nta.go.jp/law/shitsugi/shotoku/02/37.htm> (검색일 2021. 12. 13.)
- 内閣官房, "地方創生応援税制 ( 企業版ふるさと納税 ) について" <https://www.chisou.go.jp/tiiki/tiikisaisei/portal/pdf/dai8/seidosetsumei.pdf> (검색일 2021. 12. 13.)
- 総務省, "税制改正 -地方税" <http://www.soumu.go.jp/main_sosiki/jichi_zeisei/czaisei/czaisei_seido/ichiran04.html> (검색일 2021. 12. 13.)
- 文京区, "『こども宅食』プロジェクトにご協力ください。～子どもたちに笑顔を届けよう～" <https://www.city.bunkyo.lg.jp/kyoiku/kosodate/takushoku.html> (검색일 2021. 12. 13.)